探索·发现

DISCOVERY

青少年成长必读书

神秘的未解之谜全集

【历史卷·自然卷】

孟 春◎编著

世上没有不可认识的事物，只有尚未被认识的事物，
生命的全部意义就在于探索那些未被认识的事物。
零距离接触世界文化和历史的精髓，
全方位透视人性的智慧与善恶。

SHENMIDE

中國華僑出版社

下册

【自然卷】

奇妙的自然未解之谜

追寻生命的起源

人类从哪里来

人类历史自何时开始，人类的年龄到底有多大？这个问题一直困扰着人们。

达尔文是19世纪英国学术上破旧立新的大师。他身患痼疾，为探索自然规律，苦学终生。1859年他的《物种起源》一书问世，总结了他自己多年在世界各地亲自观察生物界的现象，发现了自然选择在物种变化上起的作用，探索了物种起源和进化的规律。尽管当时达尔文并没有把物种起源直接联系于人类，他只说了一句话："通过《物种起源》的发表人类的起源，人类历史的开端就会得到一线光明。"但是此书的发表，对上帝造人的宗教神话和靠神造论来支持的封建伦理却不啻发动了空前的严重挑战。当时保守势力的反扑顽抗和社会思想界的巨大震动，使一贯注意不越自然科学领域雷池半步的达尔文也不能默然而息。他发愤收集充分的客观事实来揭示人类起源的奥秘，终于在1871年即《物种起源》出版后12年，发表了《人类起源和选择性》这本巨著，用来阐明他以往已形成的观念，即对于物种起源的一般理论也完全适用于人这样一个自然的物种。他不仅证实了人的生物体是从某些结构上比较低级的形态演进来的，而且进一步认为人类的智力、人类社会道德和感情的心理基础等精神文明的特性也是像人体结构的起源那样，可以追溯到较低等动物的阶段，为把人类归入科学研究的领域奠定了基础。这是人类自觉的历史发展的一个空前的突破。

马克思主义诞生以后，恩格斯运用辩证唯物论和历史唯物论，综合了科学的成就，全面地分析了从猿到人的过程，创立了“劳动创造人”的理论，从根本上粉碎了上帝造人的宗教迷信神话。在从猿到人的转化过程中，劳动起着决定性作用。无论是手足分工、制造工具，还是语言的产生、脑的发展和思维的出现，都是在劳动中出现的。所以恩格斯说：“劳动是整个人类社会的第一个基本条件……在某种意义上不得不说劳动创造了人本身。”

1960年，英国人类学教授爱利斯特·哈代爵士提出了一种新的假说，他认为化石空白时期（在距今800万~400万年前这一时期的化石资料几乎空白）的人类祖先，不是生活在陆上，而是生活在海洋中；在人类进化史中，存在着几百万年的水生海猿阶段，这一阶段在人类身上至今留下许多“痕迹”——解剖生理学方面的特征，这些特征在别的陆地灵长类动物身上都是没有的，而在海豹、海豚等水生哺乳动物身上却同样存在。例如：所有灵长类动物体表都有浓密的毛发，唯独人类和水兽一样——皮肤裸露；灵长类动物都没有皮下脂肪，而人类却有水兽那样厚厚的皮下脂肪。人类胎儿的胎毛着生位置，明显不同于别的灵长类动物，而与水兽接近。人类泪腺分泌泪液，排出盐分的生理现象，也是水兽的特征，在灵长类动物中是绝无仅有的。哈代指出：地质史表明，800万~400万年前，在非洲的东部和北部，曾经有大片地区被海水淹没。海水分隔了生活在那儿的古猿群，迫使其中的一部分下海生活，进化成为海猿。几百万年以后，海水退却，已经适应水生生活的海猿重返陆地，它们就是人类的祖先。海猿历经沧桑，在水生生活中进化出两足直立、控制呼吸等本领，为以后的直立行走、解放双手、发展语言交流等重大进化步骤创造了条件。这使得他们“得天独厚”，超越了其它猿类，进化成为地球上最高等的智慧动物。

把不同动物的生理特征进行比较，可以看出它们之间亲缘关系的远近，这是比较生理学的研究方法。澳大利亚墨尔本大学的生物学家彼立克·丹通教授研制了人类和其它哺乳动物控制体内盐平衡的生理机制。他发现，在这一方面，人类也与所有的陆生哺乳动物不同，而与水兽相似。

还有专家指出，人类的潜水生理相当出色，在古代猿人生活的地方，人们发现一种有名的古迹：史前贝冢。贝冢是一堆堆的贝壳，这是史前古人采食贝类动物的证据。1983 年，英国科学家爱尔默和戈顿在发现直立猿人的非洲坦拉、阿玛塔等地，研究了那儿的古代贝冢，发现这些贝冢都是生活在深海中的种类，如牡蛎、贻贝等。得掌握屏息潜水的技术，才能采集到这些贝类。很明显，这些猿人具有出色的潜水本领，这在灵长类动物中也是绝无仅有的。人类是天生的潜水家，他们屏息潜水的时间远远超过其它陆地生物。

人类在潜水时，体内会产生一种潜水反应：肌肉收缩，全身动脉血流量减少，呼吸暂停，心跳也变得缓慢。这种反应和海豹、潜鸭等水生动物潜水的反应十分相似。潜水反应不是条件反射，而是由大脑高级中枢加以控制的。这种控制同时也有意识地控制着呼吸，对呼吸的精确控制调节是人类发展语言的基础，没有这种在海猿阶段形成的控制呼吸能力，人类不可能进化出如此复杂的发声方法。

近年来，一系列发现又重新唤起了人们对生命天外来源说的热情。首先是人们注意到，地球上的生命尽管种类庞杂，但却具有同一个模式——相似的细胞结构，都由同样的核糖核酸组成遗传物质，由蛋白质构成活体。

这就使人不能不问，如果生命果真是在地球上由无机物进化而来，为什么不会产生多种的生命模式？其次，还有人注意到，稀有金属钼在地球生命的生理活动中具有重要的作用。然而钼在地壳上的含量却很低，仅为0.0002%，这也使人不禁要问，为什么一个如此稀少的元素会对生命具有如此重要的意义？会不会地球上的生命本源于富含钼的其它天体上？第三，人们还不断地从天外坠落的陨石中发现有起源于星际空间的有机物，其中包括构成地球生命的全部基本要素。与此同时，人们也发现在宇宙的许多地方存在着有机分子云。这使许多人深信，生命绝不仅仅为地球所垄断。再者，一些人还注意到，地球上有些传染病，如流行性感冒，常周期性地在全球蔓延。而其蔓延周期竟与某些彗星的回归周期吻合。于是这使他们有理由怀疑，会不会有些传染病来自彗星？如是，则人是天外来客了。

我国有女娲氏抟土造人的原始神话。说是古代有一个名叫女娲的女神，她因为独自一人，感觉寂寞，就用黄泥照着自己的样子捏成若干小人，向小泥人吹一口气，这些小泥人就活起来了。他们都叫女娲做妈妈。后来女娲让男人和女人结成婚姻，繁殖后代。这样，就出现了人类。

【片言碎语】人类的起源是一个自古以来最为人们关注的课题，并与宇宙的起源、地球的起源并列为三大起源之谜。

人体自燃之谜

所谓人体自燃现象，是指一个人的身体未与外界火种接触而自行着火燃烧。这种不可思议的现象，最早见于17世纪的医疗报告。至20世纪，共有200多起人体自燃事件发生。

人体自燃现象最早见于17世纪的医学报告，时至今日，相关的文献更是层出不穷，记载也更为详尽。那么，什么是人体自燃呢？人体自燃就是指一个人的身体未与外界火种接触而自行地着火燃烧。

1949年12月15日，美国新罕布什尔州的一个53岁、名叫科特里斯的妇女在家中被烧死了。曼彻斯特警方在调查中发现，那具不像人形的恐怖尸体躺在房间的地板上，可是房间内的物体却没有遭到丝毫破坏，而且壁炉也未曾使用过，甚至在其它地方也找不到火种。美联社报道说："该妇人在燃烧时一定像个火球，但是火焰却没有烧着她家里的任何木料。"这件事实在令人惊诧。

1951年佛罗里达州圣彼得堡的利泽太太被人发现在房中化为灰烬，房子也是丝毫未受损坏。在这个案件中，调查人员使用各种现代科学方法，以确定这一神秘意外的来龙去脉。可是，虽然有联邦调查局、纵火案专家、消防局官员和病理专家通力合作研究，历时一年仍然没有把事件弄清楚。

在发生意外的现场除了椅子和旁边的茶几外，其余家具并没有严重损毁，可是在屋内却出现了一种奇怪的现象：天花板、窗帘和离地4英尺以上的墙壁，铺满一层气味难闻的油烟，在4英尺以下的墙壁却没有。椅子旁边墙上的油漆被熏得有点儿发黄，但椅子摆放处的地毯却没有烧到。此外在10英尺外的一面挂墙镜可能因为热力影响而破裂；在12英尺外梳妆台上的两根蜡烛已经熔化了，但烛芯依然留在烛台上没有损坏；位于墙壁4英尺以上的塑料插座也已熔化，但保险丝没有烧断，电流仍然畅通，以至于护壁板的电源插座没有受到破坏。与一只熔化了的插座连接的电钟已经停摆，上面的时间刚好指在4点20分。当电钟与护壁板上完好的插座连接时，仍然可继续走动。附近的一些易燃物品，如一张桌子上的报纸以及台布、窗帘，却全部安然无损。

在世界其它地区亦有像利泽太太这样人体自燃的事例，而且自燃的形式多种多样，有些人只是受到轻微的灼伤，另一些则化为灰烬，更令人不可思议的是，受害人所睡的床、所坐的椅子，甚至所穿的衣服，有时候竟然没有烧毁。更有甚者，有些人虽然全身烧焦，但一只脚、一条腿或一些指头却依然完好无损。在法国巴黎，一个嗜好烈酒的妇人在一天晚上睡觉时自燃而死，整个身体只有她的头部和手指头遗留下来，其余部分均烧成灰烬。

在以前发生过的人体自燃事件中，男女受害人的数目比例大致相同，年龄从婴儿到114岁的老人都有，其中很多是瘦弱的。他们有的是在火源附近自燃，有的却是在驾车或是毫无火源的地方行走时莫名其妙地着火自燃的。

但是，时至今日，现代科学界和医学界都否定人体自燃的说法。有人虽然曾经提出一些理论，但是一直没有合理的生理学论据足以说明人体如何自燃甚至于化为灰烬，因为如果要把人体的骨髓和组织全部烧毁，只有在温度超过华氏3000度的高压火葬场才有可能。那么，至于烧焦了的尸体上尚存有未损坏的衣物或者是一些皮肉完整的残肤就更令人觉得有些神秘莫测了。

【片言碎语】随着深入调查研究和科学水平的提高，相信科学家们迟早会解开这个许多世纪来一直使人困惑不解的秘密。

肉眼看不见的“人体辉光”

在古今中外的许多宗教绘画中，为了显示神佛超凡、伟大，往往其头上都有光环存在。其实，撇开宗教上的象征意义不谈，即使是生存在现实世界中的任何一个凡夫俗子，他们身上同样也有一道光环，只不过不为人的肉眼所见罢了。

英国医生华尔德·基尔纳早在1911年采用双花青染料涂刷玻璃屏，首次意外发现了环绕在人体周围宽约15毫米的发光边缘。其后不久，前苏联科学家西迈杨·柯利尔通过电频电场的照相术把环绕人体的明亮而有色的辉光拍摄了下来。于是，这一有趣的发现受到了全世界众多国家的科学家的广泛关注。20世纪80年代后，日本、美国等相继使用先进高科技仪器对“人体辉光”进行研究，试图把“人体辉光”之谜公之于众。“日本新技术开发事业团”采用了具有世界上最高敏感度的，用于检测微弱光的光电子倍增管和显像装置，成功地实现了对“人体辉光”的图像显示，并把这种辉光称为“人体生物光”，他们还把这一科研成果应用到医学研究上去。他们对志愿接受检查的30位病人进行了生物光测试，这些病人既包括1岁婴儿也包括80岁老人。最后的测试结果表明，甲状腺功能衰退者、甲状腺切

人体辉光

除者及正常人在夜间睡眠时，在新陈代谢减缓的同时，其生物光强度也会同时减弱。日本医学界认为，检测人体生物光能如实地反映出人体新陈代谢的平衡关系，而且可以通过光的变化来测定病人新陈代谢的异常和人体的节律。

尤其令人惊奇的是，科学家在研究“人体辉光”的照片中发现，照片中的光晕明亮闪光处，恰恰与中国古代针灸图上标出的针灸穴位相吻合，而每一个人又都有一种独特的辉光样式。另外，美国科学家研究指出，辉光在人体内疾病产生前，会呈现出一种模糊图像，好像受到云雾干扰的“日冕”；而人体癌细胞生长时则会出现一种片云状的辉光。苏联研究人员曾对酗酒者进行“人体辉光”追踪拍摄，他们发现饮酒者在刚刚开始端杯时，环绕在手指尖的辉光清晰、明亮。当人喝醉酒之后，指尖光晕会变得苍白，同时他们还发现光圈无力并且向内闪烁着收缩，变得黯淡异常。他们对吸烟者也做了类似的试验：

一天只吸几支烟的人，其辉光基本上保持正常状态；而当吸烟量逐步增大时，“人体辉光”便会呈现出跳动和不调和的光圈；如果是位吸烟上瘾的人，辉光就会脱离与指尖的接触而偏离中心。

现在，对“人体辉光”的研究正在深入地进行中。各国专家希望将其应用到医学上，甚至还有人设想把它应用到保健上，如在家庭中设立“辉光档案”，通过电脑监测装置进行“遥控保健咨询”。另外，“人体辉光”会随着大脑活动的变化而发出程度不同的光辉，所以有人据此想把它应用到犯罪学上，譬如在对犯人进行审问时可以发现其是否企图说谎等。

【片言碎语】截至目前，“人体辉光”的成因还是个谜。有人认为，这是人体的密码文字；有些科学家则认为，“人体辉光”是自然界一切生命的特别现象，是好像空气一样的复合物；还有人说这是一种由水气和人体盐分跟高电场相互反应的结果。总之，众说纷纭，莫衷一是。但“人体辉光”确实以其特殊的魅力吸引着众多的科学家为之探索。

奇异的人体发电现象

在电气化的时代，人们生活中须臾离不开电。于是有人幻想，如果人体自身能发电该多好啊。然而世界上确实存在着这样的人。对于身体会发电的人来说，却不见得是一件好事。

在意大利罗马南部的一个村子里，住着一位名叫斯毕诺的16岁少年，他的叔父艾斯拉模·斯毕诺在1983年8月首先发现了他的奇异之处：每当斯毕诺来到他家时，他家里的电气产品就会发生故障，而且他身边的床还会无缘无故发生自燃，油漆罐也会着火爆炸等。

英国的贾姬·普利斯曼夫人是另一个会发电的人。贾姬的丈夫普利斯曼先生是位电气技师。但他的夫人却时时发“电”：一旦她靠近电器，电器制品就会损坏，电视会自己换台、灯泡会爆炸……已经毁坏了24台吸尘器、9台除草机、12台吹风机、19个电饭锅、8台电炉、5只手表、3台洗衣机。

人体发电

科学家用尽各种办法来研究以求解开不可思议的人体发电

现象。

实验证明，人的生理机能的失衡引起了人体的发电现象。而韦恩·R·柯尔博士认为，从理论上来讲，约 3 立方厘米的人类肌肉细胞可以产生 40 万伏特的电压。他的试验是利用冥想在肌肉中产生静电，实验最后取得了成功。

【片言碎语】 如果人人都可能隐藏着会发电的潜力。那么通过科学研究能让人类在节约能源方面有新的突破吗？

被忽视的人体第三只眼睛

我们从神话传说中可以看到，许多神仙都有三只眼睛，除一双正常的眼睛外，还有一只眼睛长在额头上，而且这只眼具有无上的神力。

神话毕竟是神话，自然与现实不同。可是，也许你想不到，芸芸众生虽然不是神仙，却同样长着第三只眼睛！

希腊古生物学家奥尔维茨在研究大穿山甲的头骨时，在它两个眼孔上方发现了一个小孔，这个小孔与两个眼孔呈品字形排列，这引起了他很大的兴趣。经反复研究，这个小孔被证明是退化眼眶。这一发现轰动整个生物界，自此，各国的生物学家纷纷加入研究它的行列。各项研究结果表明，鱼类、两栖类、爬行类、鸟类、哺乳动物，甚至包括人类，都有三只眼睛。人们通常忘记自己的第三只眼，或是从来没有想过它的存在。一些科学家表明人类的第三只眼很有可能就埋藏在大脑的丘脑上部，名为——松果腺体。

人的第三只眼已经变成一个极为独特的、专门的腺体，人体除了松果腺体以外，再也没有其它腺体具有星形细胞。星形细胞不是普通的细胞，它在大脑半球中含量十分丰富。至于腺体与神经细胞究竟为什么会盘根错节地缠绕在一起，人们还不是很清楚。

人体第三只眼睛

现在，第三只眼和另两只眼相比虽然功能迥异，但还是有点“藕断丝连”，松果腺体对太阳光有极强的敏感性，它通过神经纤维与眼睛联系。松果腺体在太阳光十分强烈时受阳光抑制，分泌松果激素较少；反之，碰到阴雨连绵的天气，松果腺体就会分泌出较多的松果激素。

此外，人们发现在第三只眼的组织结构中含有钙、镁、磷、铁等晶体颗粒。刚出生的婴儿根本没有这种奇怪的称之为“脑砂”的东西，在 15 岁以下的孩子中也极为少见，但是 15 岁以后，“脑砂”的数量就会开始逐年增加。在第三只眼中有那么一小堆砂子，竟丝毫不会影响它本身的功能。看来科学家对其的研究还有待深入。

【片言碎语】人们在阳光明媚的日子里会感到心情舒畅、精力充沛、睡眠减少。反之，遇到细雨连绵的天气则会情绪低沉、郁郁寡欢、常思睡眠。这一现象正是松果体在“作祟”。因为松果腺体细胞内含有丰富的5–羟色胺，它在特殊酶的作用下转变为褪黑激素，这是松果腺体分泌的一种激素。研究发现，褪黑激素的分泌受到光照的制约。当强光照射时，褪黑激素分泌减少；在暗光下褪黑激素分泌增加。而人体内褪黑激素多时会心情压抑，反之，人体内的褪黑激素少时则“人逢喜事精神爽”。由此看来，人的情绪受光的影响就不足为奇了。

魔力十足的催眠术

催眠术，一个古老而带有神秘色彩的词汇，似乎本来就与“咒语”和“魔力”有着千丝万缕的联系，在现代各类文艺作品中，它更是被夸张和神化：电影中的歹徒可以利用催眠术控制警察，电视剧中的博士可以利用催眠术操纵无辜者进行暗杀……

心理分析疗法的基础是使许多无意识的回忆变为完全感知的意识。经过理疗，一旦醒悟这种记忆就同人物性格融合起来，由此完全治愈了。

许多患功能障碍的人，甚至躯体功能障碍，都能追查他们的病因，如深藏的大苦痛、迷茫、背叛、失败以及类似的矛盾冲突等不谐调的事情，不到有朝一日忽然发生了意识的觉醒，就会像地雷纹丝不动地埋在地下。只要生活的某方面在某一时候触及病因领域中的埋雷地带，地雷就会爆炸。

凡是在这个领域工作的人，如治疗专家、分析专家、精神病专家以及这样那样的有宗教信仰的顾问，他们习惯于用这种手段或方法，以便把隐藏在蒙昧深沟中的记性找回来。做梦是用以唤起这些记忆的一种通用方法。引导出幻想的想象力，就如艺术创作，另外又给予语言的联想，在某种情况下，这就是催眠。

催眠被一部分人认为是非常有效的工具，在心理学界，催眠术的名誉有些不太光彩的味道，但是谁也不否定它。不过也很难说这不是得到催眠师巡回表演的帮助。因为有时他们表演催眠术只是为了娱乐他人而不是去治疗别人。

但许多治疗专家继续谨慎地把催眠术视为打通藏得深而又深的记忆的工具。一些治疗专家注意到，在运用催眠术来唤起记忆时，有些非常奇怪的事发生了。求治的人说出深埋的记忆，显然不是他本人现在的生活状况，却似一种意念的生活。

美国的精神治疗专家伊迪丝·费奥尔博士描述了有个病人第一次和她面对面谈论意念生活。她写道，“他到我这里来是因为他性功能障碍而陷入困境。当他处于催眠之中的时候，我叫他回到他的问题的根源。他说，‘我曾是天主教神父’。”这使她惊诧。她的职业特点使她接受他所说的，并鼓励他描述在17世纪的意大利时他作为神父的生活，而且按他所描述的生活去工作。他们第二次相遇时，这位病人自称已经摆脱了麻烦。

当然，她并非是发现催眠力量对找回意念生活的记忆有显著作用的第一个人。第一件大事是50年代发生在美国的“布莱迪·墨菲”事件，墨菲说他的前世在19世纪的爱尔兰生活，于是引起了公众的想象而轰动一时。在英国，催眠师阿纳尔·布罗萨姆也引起相似的支持和批评风暴。因为他的病人们回忆了他们的意念生活，他们还接受了BBC在新闻报道中制作的宣传和广告。

诚然，这类事例令人着迷，因为叙述者提供了大量错综复杂而极尽详细的意念生活，同时，他们也不得不面临严密的检查和批评。

也许最出名的布罗萨姆的病人就是一例。这个人在催眠状态中记起了他在18世纪是大英海军的炮手，舰长是皮尔斯。这艘舰的名字是用花饰字母写的，非常难认。他记得水兵们只好给这艘舰起个外号叫“阿吉”。他真想不起此舰的名号了，不过在18世纪，这个水兵不会读也不会用拼音识字，大概“阿吉”是“阿伽门农”的缩写，也或者是相似的什么字。

在他回忆时用了许多只有那个时代水兵熟悉的旧式短语和航海时说的或描述的语气，他谈了那些日子在海上生活的大量细节：生满蛆的臭食物、粗布衣服和鞭笞——他说因为他懂得如何“架炮”，所以免受鞭笞。

他第一次，也只有这一次的催眠是以激烈的战争场面结束的。他充满激情而且生动、详细地描述了在加来海峡港口以外与一艘法国海上舰船的战斗。他们在晨雾弥漫中紧靠近岸的海上埋伏了许多人，全部大炮都已填好了弹药待命。点火的士兵们拿着快要熄灭的缓缓冒火的浸透柏油的火绳媒儿，晃来晃去不让烟火熄灭，以备点火放炮。这艘舰在海中来回巡游等候法国舰出现。当它终于出现时，炮手们已准备就绪。

他开始描述行动。“双方开始靠近。经验不多的炮手们不耐烦了，不顾一切地去点火。”他接着说，“等一下，等一下！等待命令——弟兄们沉着，沉着一点好，稍等，等一等，等一等——等命令，等命令再把火绳媒儿放在导火引线边，是，长官——在后面站好，免得受伤——行了，你这笨蛋。行了，笨蛋起来——好啊！(炮弹射出去了，一阵狂喜的尖叫声) ——干得好，弟兄们——把它们垫高，把它们垫起来，叫他们起来，叫他们起来——叫他们到前面去——(尖声大叫) ——把这人拉出来，拉他们出来——把他送到舱座里去——好了叫他们回来——站在那边——派他到垫坑里去——再把它们垫高!”

“铁弹丸在炮筒里——顶杆——把炮膛擦净——擦呀，你这笨蛋，先要把炮膛擦擦——铁弹丸进去，进去了——来，四号来呀，你现在必须上——铁弹在里面，顶杆，用劲顶撞把弹药都顶结实——引爆的引信——把火绳媒儿晃出火苗来——是，是，长官——准备!”

“再来一下，弟兄们——你和他——赶快呀，大家——上帝啊，你这杂种——叫他瞄准目标——对了。这才把炮架对了——我的上帝啊，他们已经撞见了老皮埃尔斯号，他们已经撞见了皮埃尔斯号——(突然可怕地尖叫起来) ——我的腿流血了——(尖叫着，忍不住地呜咽) ——我的腿——我的腿啊!”

这个病人醒了，战栗得厉害，从此再也不去要求催眠了。

此事太不寻常了，以致使菲力普亲王和蒙巴顿伯爵都认为不无道理，他们两人都曾在皇家海军中服役，他们要求把这种明显的对意念生活的回忆用录音带录制下来，并安排英国海军部的历史学家们，去查出那艘舰、舰长和那次的战斗行动。遗憾的是，尽管细节丰富，他们也无能为力。那么，这就不是真实的对轮回的回忆了吗？抑或只是书本、电影和广播节目等的片断融合烘托出来的幻想吗？

迄今为止，查寻和研究的工作仍在继续，人们试图解开催眠回忆之谜。

【片言碎语】催眠术原自于希腊神话中睡神 Hypnos 的名字，是运用暗示等手段让受术者进入催眠状态，能够产生神奇效应的一种法术。科学家已对这一现象研究了 150 多年，但到底也没能弄清楚其真谛。有的理论家认为，催眠术打开了通向潜意识的大门，有的倾向于认为，恍惚是非睡非醒的心理边缘状态，有的干脆称之为伪科学。但有一点是不容置疑的：人处在催眠状态下最容易接受暗示，可以让他做出一些最为暴戾的举动，因为那个时候，大脑，甚至身子开始身不由己。催眠术究竟是真是假，一些研究知觉边缘状态的专家通过类似的试验解开了其中一些不为人知的谜团。

神秘的人体不腐现象

古今中外，人体不腐的现象引起了科学界和医学界专家们的高度重视。他们对这一现象进行了多方面综合的考察，但是人体究竟为何会不腐呢？

中国古代僧人用秘方保存肉身的事例有不少。唐代高僧元际禅师的肉身，历经千年至今仍然保存完好，被学术界视为“世界唯一奇迹”。可惜的是，现在这国宝级的文物却不在中国，而在日本。肉身现存于横滨鹤见区总持寺，被日本视为“国宝”。

在唐贞元六年（790年），91岁高龄的元际禅师知道自己来日无多，于是悄然返回故乡湖南衡山的南台寺。从此时开始他便停止了进食，只嘱咐门徒把他平日搜集来的百余种草药熬汤，每天他都要豪饮十多碗。饮食后小便频繁，大汗淋淋。门徒见到这种情况，纷纷劝阻，元际禅师只是笑而不答，仍然继续饮用这种散发着芬香的草药汤。一个月后，他更加清瘦了，可是脸色红赤，两目如炬。有一天，他端坐不动，口念佛经，安详地圆寂了。这样又过了月余，禅师的肉身不但不腐，而且还散发出芬芳。门徒们感到非常惊讶，认为这是禅师功德无量的结果，特地建了寺庙敬奉。千百年来，香火非常兴盛，一直持续到清末民初。

20世纪30年代，军阀割据，战乱频繁。潜伏在湖南一带、以牙科医生身份作为掩护的日本间谍渡边四郎早就知道元际禅师肉身的价值，于是他便乘乱毒死了寺内的小和尚，把元际禅师肉身隐藏了起来。不久以后，这个寺庙毁于兵火之中，世人都以为禅师的肉身也一起遭劫了。直至抗日战争末期，渡边看到日本侵华军大势已去，便将肉身伪装成货物，偷偷地装船运回了日本。

渡边刚开始将肉身辗转放置在他所在的乡间，后来又将之移置在东京郊外一座小山的地下仓库里，并且秘而不宣。直到1947年渡边病重身亡时，人们才从他的日记本中得知这一重大秘密。日本当局立即派人打开仓库，发现了禅师的肉身。只见禅师盘腿而坐，双目有神，俨如活人。专家们认为，一般的木乃伊，只是人工药物制的“躯壳”，不足为奇。可是禅师的肉身一直暴露于空气中仍能千年不朽，实在是世界唯一奇迹。经检查，禅师腹内无丝毫污物，体内渗满了防腐药物，嘴及肛门也都被封住，这些可能都是肉身不朽的主要原因。至于他临终前饮用的大量汤药究竟是什么草药，已经无法考究了。

无独有偶，国外也有这样的奇事。有着悠久历史的意大利西西里岛的古老遗址中，至今还保留着旧石器时代绘画的驿罗萨里奥洞窟教堂。这个教堂有一个神秘之处：在这里的地下，竟沉睡着8000具木乃伊！这着实令人惊叹不已。而真正令这座地下墓室闻名世界的却是8000具木乃伊中一个年仅4岁的木乃伊女童。这位名叫伦巴尔特·劳扎丽亚的女童，死于1920年12月6日。她的母亲在她死后十分悲哀，特地将巴勒莫的一位叫萨拉菲亚的名医请来并且向他恳求：“请您想方设法让我孩子的遗体永不腐败，这是我唯一的祈愿。”

据说萨拉菲亚医生使用了数种药剂为这个女童做了特殊注射。时至今日，91多年过去了，这个女童仍安然地躺在一个单独的玻璃棺内，无论从什么角度去看，都会令人觉得她依然是活人。凡是看见了这个女童的人，都会情不自禁地发出感叹：呵，她还活着！她的面庞仍像生前那样红润、丰满，肌肤也是那样粉嫩、光滑，依然那样可爱、美丽。此时此刻谁能相信，她已死了91年呢？事实上，即使对于众多的科学家来说，女童的永不腐朽也是一个无法解开的谜团。

【片言碎语】令人遗憾的是，医生萨拉菲亚在给女童做了不腐处理之后不久，便突然死去，而且在他死前，对保存遗体的秘方只字未露。所以，人们无从知道女童不腐的最终原因，那一秘方也成了永远的谜。

被野兽养大的孩子

“生儿育女”是自然界中各种生物为维护其自身繁殖而进行的一种普遍的生理活动。然而却有许多动物“越轨”，不养育自己的孩子，却哺养另一类动物甚至是人类的幼子。

1988年德国出现了一个狗孩，一对夫妇由于工作太忙，很少有时间照料自己的小孩，家里的母狗却为他们尽了“父母的义务”，后来这个小孩习性变得和狗差不多。

其实类似的事情很多，20世纪初，在印度发现的两个狼孩就曾引起过轰动。

1920年10月，人们在印度葛达莫里村附近的狼窝里发现两个女孩，一个八九岁，另一个不足两岁。毕业于加尔各答大学的锡恩神父将这两个狼孩带回了密拿坡孤儿院，并开始对这对经历非凡的姐妹进行长期研究。

神父给这两个女孩分别取名为卡玛拉和亚玛拉。这对姐妹在很多方面表现出“狼”的特性，她们能利用四肢飞快奔跑，用舌头舔食牛奶和水，吃生肉，嗅觉也异常灵敏，能闻到距离很远的食物的味道，视觉也很突出，两人能在伸手不见五指的深夜，在崎岖的山路上游玩。

另外，比较有影响的还有法国探险家亚曼发现的羚童。1961 年亚曼孤身到撒哈拉沙漠探险，途中他迷路了，很快饮水和干粮都吃完。正在他苦苦挣扎的时候，一个羚童出现了，那个羚童头发乌黑，散乱地披到肩上，皮肤呈健壮的古铜色。亚曼的友好行为博得了生活在那里的瞪羚和羚童的好感。羚童和其它瞪羚一起友好地舔着亚曼的腿和手。亚曼发现男孩是开朗、天真的，看上去 10 岁左右。他的脚踝部粗壮而有力，直立着身体到处走动，吃东西时却四肢触地，脸部贴在地上，牙齿十分强劲有力，能咬断坚硬的沙漠灌木。他们渐渐成了“朋友”，彼此非常亲近。一天亚曼点起一堆篝火，起初男孩有些害怕，到处躲闪，后来他也不再害怕火焰，慢慢靠过来，甚至摆弄起碳火来。他不会和亚曼交流感情，却能和瞪羚一样用抽动耳朵和挠头皮等方式彼此沟通。最后男孩将亚曼带出了沙漠，挽救了这位探险家的生命。两年以后，亚曼带着自己的两位朋友再次到沙漠中寻访他这位不同寻常的朋友。当他们见到男孩和其它的瞪羚时，彼此仍很亲近。亚曼还想试一下男孩在自然界中的生存能力，决定与他“赛跑”。他的朋友用吉普车追逐瞪羚，亚曼则开着另一辆车和男孩一起跟在后面，他惊奇地发现，男孩奔跑的速度竟达每小时 52 公里！男孩能像瞪羚一样，以 4 米多长的步伐连续跳跃。

亚曼的奇遇让他感慨万端，他不想让别人知道这个男孩，因为那样人们会将男孩关在笼子里研究，男孩也就失去了自由，那是十分可怕的。于是他和他的两位朋友将事实隐瞒起来，直到十几年后才在书中公布了他的发现。

其实，还有许多类似的奇怪事件，人们发现了许多熊孩、豹孩、羊孩、猿孩等，人们对此已经不再十分吃惊。与之相比，人们更关心动物为何会抚养人类的后代。对此，人们有许多不同的看法，其中一种解释认为，野兽的母性本能非常强烈，特别是比较凶猛的母狼、母豹等，它们失去了幼兽后，在母性本能的驱使下，很可能对其它幼小的动物进行喂养，因而掠夺人类的小孩也是完全有可能的。还有一种观点是，人类的小孩被遗弃在荒野后，被狼或其它出来觅食的动物发现，便误以为是自己的幼仔而带回去抚养。该观点完全是一种猜测，没有任何事实依据。而前一种观点还能找到一些事实依据，例如1920年的一天，印度的芝兹·卡查尔村的猎人打死了两只雏豹，母豹竟然跟随猎人到了村子，叼走了一个两岁多的男孩。3年后，当地人打死了母豹，并救出了小孩，不过已经快6岁的小男孩已经完全习惯了豹的生活方式。

【片言碎语】许多人认为凶猛的动物是不可能哺育人类的孩子的，但在众多的事实面前并没有更多的反驳证据，关于动物为何要抚养人类小孩的问题，至今没有科学的答案。

木乃伊心脏“跳动”现象

世界闻名的古埃及木乃伊不仅数目众多，而且保存完好，这实在让世人为之惊叹。到目前为止，人们已经在埃及这块神秘的土地上挖掘出了多少木乃伊，已无确切的统计。人们也无法估计在那里究竟还存在多少未被发掘的木乃伊。

随着一项项工作的展开，一具具木乃伊的出土，一个个新的问题层出不穷，一件件令人震惊、难解的蹊跷事也不断涌现出来。在卢索伊城郊出土的一具木乃伊里装有一个奇特的心脏起搏器，更让世人为之震惊。

在埃及卢索伊城郊，人们将一具刚出土的木乃伊抬出墓穴，在准备将其交给国家文物部门收藏之前，先对其进行初步处理。这时一名参与处理工作的祭司在整理过程中，似乎觉得这具木乃伊存在某些与众不同的地方，于是他就仔细地检查眼前的木乃伊。让他大为吃惊的是，他发现从这具木乃伊体内发出了一种奇特的有节律的声音。他循着声音找去，发现声音是从心脏的位置发出来的，仿佛是心脏跳动时所发出的声音。难道是这个死者的心脏还在跳动吗？人们对此感到难以置信，因为这实在是不可能的。那么会不会是什么东西被藏到这具木乃伊的心脏里了呢？人们一时无法知道，因为他们还不敢去割开那缠满白麻布的尸体进而揭开这一谜底。他们立即组织人将其原封不动地送到了地方诊所，地方诊所也不敢贸然处理这具奇特的木乃伊，随后，它被转送到了具有丰富经验的开罗医院。

接到这具转送来的木乃伊后，开罗医院组织了一些经验丰富的专

家对其进行检查，然而，他们仍然无法从尸体的表面查清声音存在的原因，于是决定进行解剖检查。医生们将缠满尸体的白麻布拆开，对尸体进行了解剖，这时他们发现有一具起搏器位于尸体心脏的附近。这个能在2000多年后仍然跳动的黑色起搏器引起了医生们的极大兴趣，他们利用先进的仪器对其进行了测试，发现这个起搏器是用一块含有放射性物质的黑色水晶制造的。在世界上现存的水晶中，人们从未见到过黑色水晶，而只见过白色的和少数浅红色的或紫色的水晶。医生们发现，虽然这个2500年前的心脏早已干枯成为肉干，但它还是随着起搏器的韵律而跳动不止。它那“怦怦”的跳动很有节奏，每分钟跳动80下，人们可以清楚地听到。

开罗医院随后将这一重大发现公布于众，并将这个起搏器重新安放到木乃伊体内，让人们前来参观。这一惊人的消息不仅吸引了众多的考古学家，大批电子学家也对其产生了兴趣，他们从世界各地纷纷赶到开罗医院，对这具身藏心脏起搏器的木乃伊进行参观、探究。这个神秘的起搏器令大家叹为观止，同时，人们也都提出了这个黑色的水晶来自何方的问题。在2500多年前能懂得黑水晶含有放射性的物质并可以使心脏保持跳动的是些什么人呢？另外人们又提出，作为协助心脏工作的心脏起搏器，一定是在人活着的时候被安放到人体内的。那么在古埃及落后的医学条件下，当时的人们又是如何将如此先进的起搏器放入人的胸腔去的呢？

【片言碎语】专家们在这一系列难题面前陷入了深深的思考。有人认为，在文化发达的古埃及可能存在过一些具有特殊能力的术士，这一历史奇迹就是这些术士利用奇异的手段创造出来的。那么，这个黑色的水晶起搏器是由什么人制造并植入人体内，它到底来自何处呢？这个难解之谜只能留待后人来解开了。

人为什么会做梦

人为什么会做梦，梦有什么意义，梦对人有什么影响，千百年来占梦学家、心理学家以及神经生物学家一直为此苦苦求索，然而至今仍未能找到解开这个谜底的答案。

做梦并非毫无意义，它们也确实并非没有一点用处。首先，它们对情感处理至关重要。波士顿大学的帕特里克·麦克纳马拉说："做梦有助于调节情绪，它们使情绪保持在一定范围内。"最新研究发现，小睡有助于巩固情绪记忆，睡觉过程中快速眼动的时间越多，对这些方面的记忆就越有利。

一种观点认为，快速眼动梦境使我们重新体验有效的情绪记忆，但是并没有伴随真实体验的大量应激激素涌出。我们通过这种方式保持记忆，但是与之相关的情绪会逐渐得到缓解。快速眼动梦境还有助于其它类型的记忆，并有助于解决一些难题。例如，与白天保持相同时间的清醒后相比，睡一夜后我们能更好地回想起相关单词，以及它们之间的联系。

最近发现，并非所有梦境都发生在快速眼动睡眠时期，这暗示非快速眼动时间段做梦自有其独特功能。麦克纳马拉和同事们分别在学生们快速眼动和非快速眼动睡眠时期把他们叫醒，结果发现快速眼动时期做的梦更像故事，里面掺杂了更多情感内容，更加具有攻击性，而且比非快速眼动时期做的梦里面不认识的人物更多，非快速眼动梦境通常包括友好的社会互动。麦克纳马拉认为，快速眼动梦境通过模拟具有攻击性的遭遇，帮助我们应对类似的真实遭遇。而非快速眼动梦境则有助于友好合作行为。

人类对做梦的较为严谨的科学研究始于 17 世纪。1886 年，梦学专家罗伯特认为，人在一天的活动中有意或无意地接触到无数的信息，必须经过做梦把这些信息释放一部分，这就是著名的“做梦是为了忘记”的理论，这个理论在一百年后的 1980 年代又开始重新流行。在罗伯特以后不久，又出现了弗洛伊德心理学解梦理论，弗洛伊德认为，人不停地产生着愿望和欲望，这些愿望和欲望在梦中通过各种伪装和变形表现和释放出来，这样才不会闯入人的意识，把人弄醒，也就是说梦能够帮助人排除意识体系无法接受的那些愿望和欲望，是保护睡眠的卫士。弗洛伊德的理论从上世纪初一直流行到 60 年代，后来世界上对梦的研究慢慢地离开心理学领域，进入生物学实验室，做梦从此被视为是一种生物现象。法国里昂梦学实验室的神经生物学家米歇尔·儒韦是梦学研究的国际知名专家，儒韦 1959 年把有梦定义为“反常睡眠”。他通过脑电图测试发现，人每隔 90 分钟就有 5~20 分钟的有梦睡眠，仪器屏幕上反映的信号不同，显示了人在睡眠中大脑活动的变化。如果在脑电图的电波上显示无梦睡眠时把接受测试的人唤醒，他会说没有任何梦境；假如在显示有梦睡眠时唤醒他，他会记得刚刚做的梦。此外，研究人员采用 X 光断层摄像仪测试发现，大脑在有梦睡眠阶段的图像接近于清醒时的图像。有趣的是，研究人员用仪器进行测试发现，做梦不是人类特有的现象，鸟类和所有的哺乳类动物也都会做梦。70 年代末，一位科学家通过老鼠实验发现，有梦睡眠还和记忆有关，做梦的老鼠比被剥夺有梦睡眠的老鼠更能记住经验，但是这一研究结果并不适用于人类，因为医生在治疗精神沮丧病人时用一种叫做单一氨氧化酶的抑制剂，这种药完全取消人的有梦睡眠，但却不会引起记忆紊乱。法国梦学专家儒韦认为，做梦是由遗传基因决定的，他把老鼠有梦睡眠中发出的信号码进行比较，发现相同亲缘系统的老鼠有近似的信号码，这一理论又被美国科罗拉多大学研究员布尔加的一项实验证实。布尔加对同卵双胞胎进行了研究，发现生下来后就被不同地方的两个不同家庭分别抚养大的双胞胎竟然有相似的做梦经验，由此证明，人的梦境表现是遗传记忆。另外，美国《科学周刊》上有一篇关于做梦研究的最新报告，报告的作者华盛顿神经科学研究院和马里兰州博才斯达国家卫生研究所的合作小组通过一台高性能神经断层摄像仪为十来个接受实验的人进行测试，发现他们在有梦睡眠阶段大脑皮层的这个特定区域的血液循环异常加快，研究人员由此发现，大脑中负责看梦中景象和看外部视觉景象的视觉神经系统原来是各自独立存在的。报告说，看梦的内视系统被证实独立存在以后，就能够解释为什么我们在梦中会有扩大的情感，为什么能接受那些不合理的古怪情节以及紊乱的时空观念。

做梦是人体一种正常的、必不可少的生理和心理现象。人入睡后，一小部分脑细胞仍在活动，这就是梦的基础。人为什么要做梦，不做梦会有什么反应呢？

【片言碎语】梦境涉及的内容会受到气味甚至地球磁场等外界因素的影响，但是有些梦境会一再出现。很多快速眼动梦境里有不认识的男性，他通常与做梦的人存在攻击性社会互动行为。发现梦境的普遍主题，预示着梦境意义研究的重新兴起，这次的研究依据是科学。麦克纳马拉说：“这说明最终我们可能会给不同梦境得出相应解释。”

艾滋病是如何产生的

艾滋病的全称叫获得性免疫缺陷综合征，是一种由免疫缺陷病毒感染引起的传染病。艾滋病毒的入侵，使B淋巴细胞产生艾滋病毒抗体，若经艾滋病毒血清学检测即可见“艾滋病毒抗体阳性”征象，由此，便可确诊被检者已感染艾滋病毒。人体内总的CD4细胞约有1000亿个，艾滋病人约有250亿个被艾滋病毒感染。在他们体内每天可产生10元—20亿病毒颗粒，也产生相当数量的CD4细胞。他们体内的免疫系统和病毒进行持续的殊死搏斗，最终由于人体免疫系统被“侵蚀”，全线崩溃，无力“抗敌”，于是严重的“机会性感染”和肿瘤随之发生，这便是艾滋病了。

1981年6月5日，美国洛杉矶发现5例男性同性恋者患卡氏肺囊虫肺炎。同年7月，又有报告称发现26例卡波氏肉瘤患者。随后又不断发现新的相同病例。这预示着有一种新的传染性疾病开始流行。

新传染病的突然出现与迅速蔓延，引起国际医学界的高度重视并开始种种探讨：此病从何而来？病因如何？病毒构造如何？如何引起疾病？艾滋病毒的发现应归功于法国巴斯研究所的蒙塔尼尔教授。蒙塔尼尔于1983年报告，自艾滋病前期患者的淋巴腺分离出一种病毒，命名为淋巴腺病相关病毒。1986年国际病毒命名委员会将此新病毒命名为：获得性免疫缺陷病毒，英文名为Human Immunodeficiency Virus简称为HIV。

1986 年蒙塔尼尔及其同事再次报告发现了另一种类型的艾滋病毒，遂将第一起被发现的艾滋病毒称为 1-型艾滋病毒（HIV-1），而再度分离出的艾滋病毒为 2-型艾滋病毒（HIV-2）。HIV-1 至少又可以分为 11 个亚型（A—J、O），两者虽然属同一家族，但有诸多不同，用测试 1-型艾滋病毒的试剂不能检测出所有的 2-型艾滋病毒。

自艾滋病开始流行以来，引起很多争议，特别是艾滋病毒是从哪里来的？至今仍无定论。

科学家发现，在非洲绿猴身上有一种病毒称为猴免疫缺陷病毒(猴艾滋病)，与人类艾滋病毒很相似，非洲约 30%~70%的绿猴被此病毒感染过，但只带病毒而不发病。若亚洲短尾猴（如恒河猴）感染此病毒，会发生严重的免疫缺陷，乃至死亡。有研究发现，人 2-型艾滋病和猴艾滋病毒的遗传结构很相似，因此推测人 2-型艾滋病毒可能来源于猴艾滋病毒。非洲绿猴将艾滋病毒传染给了人，随之广为传播至全世界。1-型艾滋病毒与 2-型艾滋病毒、猴艾滋病毒的结构差异较大。有人推测其可能很久以前已存在于某些少数、较孤立地区的人群中。此外，科学家还从猫、牛等动物身上发现了猫艾滋病毒和牛艾滋病毒。比较能被我们所接受的说法是从猴子身上的一种 SIV 病毒变异而来，在人身上就成了 HIV，也就是艾滋病病毒。

【片言碎语】艾滋病严重地威胁着人类的生存，已引起世界卫生组织及各国政府的高度重视，人员及经费投入惊人。据统计，目前全球大约有 3600 万人感染了艾滋病病毒，2200 万人命丧于此。

东非是人类的发源地吗

人类是起源于非洲还是亚洲，一直是学者们争论不休的课题。19世纪末在印度尼西亚爪哇发现了直立猿人化石。20世纪20年代北京周口店又陆续发现大批北京猿人化石和石器。本世纪前半叶人类的亚洲起源说一直占据主导地位。但60年代后，由于“东非人”的一系列发现，学者们又把注意力转移到东非。可谓众说纷纭，莫衷一是。

在今坦桑尼亚奥铎威峡谷一带，很久以来就发现不少石器，它们和时代十分古老的动物化石并存。远在1911年，一位名叫卡特温凯尔的德国生物学家在此采集昆虫标本时，发现了一些动物化石引起了人们的注意。1931年，英国人类学家李基博士和他的夫人为寻找早期人类化石选择了奥铎威峡谷这个得天独厚的地方作为发掘基地。这个峡谷是东非大裂谷的一部分，现在狭谷东西长20多公里，深900多米两侧悬崖峥嵘，从上至下显示出包括200多万年以前到50万年以前十分清晰的古地层。它在远古曾是一个断谷湖，在漫长的岁月里，沉积了厚厚的泥沙，这就为人类化石的保存提供了极好的条件。果然，李基夫妇在这里如愿以偿。最初两年，他们找到了一些已灭绝的动物化石和旧石器时代的粗糙石器，但一直未发现与这种文化相联系的“人”。直到1959年7月17日，李基夫妇经过长达30天的艰苦工作，才取得决定性突破，发现了一具史前人类头骨，被命名为“东非人”。“东非人”的发现，轰动了全世界，以后又有了一系列新的发现。1963年李基博士的长子乔纳森·李基在同一地层还发现了另外一具比“东非人”还要早的人类遗骨，其生存年代为185万年以前，被命名为“能人”。小李基70年代初在其著作《起源论》和《湖上居民》中以为：“能人”直接进化成“直立人”，成为智人和现代人的直系祖先。其它一些人类学家以后又陆续发现了一些新的“能人”化石和足迹，生存年代大大超过了小李基的发现。如伯纳德·恩吉尼奥在肯尼亚的图尔卡纳湖畔发现了生存年代为290万年以前的“能人”化石。特别值得一提的是，1975年在坦桑尼亚北部的莱托利地区，由人类学家玛丽·李基等人发现的“能人”足迹。玛丽·李基在英国《国家地理》杂志上报道了这一发现，并断定其年代在260万年以前。不仅如此，在东非地区也发现了丰富的属于“直立人”的化石。1965年李基博士在奥铎威属更新世堆积层第二层发现了属“真立人”的化石，命名为“李基人”。1969年在坦桑尼亚出土了一段属“直立人”的大腿骨。1976年在肯尼亚特卡纳湖东岸附近地区发现了一个相当完整的“直立人”头骨，测定年代为150万年以前。学者们都一致认为“直立人”为现代人的直接祖先。

非洲一系列人类化石的发现，进一步解开了人类起源之谜。其重大意义主要表现如下几个方面。

东非人类化石的出土，使人类历史至少向着推进了160多万年。100多年前，人们认为人类历史不过几千年。19世纪下半叶，由于尼安德特人、克鲁马浓人的发现，人类历史向前推进到十多万年前。19世纪末至20世纪初，爪哇人、北京人的发现，人类历史被估计为50万年。本世纪50年代，人类历史一般认为已有100万年。由于50年代末以及以后一系列人类化石在东非的发现，人类历史被推进到350多万年前。

由于人类进化各个阶段的化石在东非的出土，人类进化过程因之逐渐清楚明朗。例如非洲南方古猿化石的大批出土，使一部分人类学家能够阐述腊玛古猿是如何向人类演进的。南方古猿在人类进化的谱系之中的位置也因之确立。人类学家认为人类进化经历了如下过程：即腊玛古猿、南方古猿、直立人、早期智人和晚期智人。东非大量人类化石的出土也表明：人类进化的各个阶段都有一个时期并存，有些旁支，最后走向了灭亡。其情形比人们原来想象的要复杂得多。有些问题仍不清楚或存在争论。

【片言碎语】早在19世纪后半叶达尔文就提出了人类起源于非洲的观点。他在其名著《人类的起源及选择性》中指出：“在世界各个大区，现存哺育动物和同区绝灭种是密切相关的。所以同大猩猩和黑猩猩关系密切的猿类，以前很可能栖居于非洲；而且，由于这两个物种现今同人类的亲缘关系最近，所以人类的早期祖先曾生活于非洲大陆而不是别的地方，似乎就更加可能了。”达尔文提出这种观点时，人类化石还很少出土，其它各门与人类学相关的科学也还不发达，所以还只能是一种推测和假设。达尔文的观点因“北京人”、“爪哇人”的发现一度被否定过，但现在随东非一系列人类化石的出土，大部分人类学家都肯定了达尔文的推论。

尼安德特人下落如何

尼安德特人是人类历史上的一个重要发展阶段。他们生活在一二十万年前。在非洲、亚洲、欧洲的广大地区，都发现过尼安德特人的化石和他们制造的工具。这说明，在人类历史长河的某个阶段，地球曾经是尼安德特人的天下。

人类对尼安德特人的存在，曾经历过曲折的认识过程。1856年8月，德国采石工人在一个叫做尼安德特峡谷的山洞中发现了一副人的骨架，其中有一个头骨，头骨很大，说明有相当大的脑容量，但脑的结构很原始，额叶扁平。对于这个化石，不少人类学家认为是一个患有佝偻病的现代人。直到1864年爱尔兰解剖学家金氏详细研究后才肯定，这是一个人类新种，称为尼安德特人，简称尼安德特人。后来，旧大陆的许多地方也发现了尼安德特人化石。尼安德特人比起他们的前辈直立猿人，有了很大的进步。尼安德特人制造的工具，已相当精致，他们的石器，石片很薄，刃口锋利。北京猿人只会用火，借火，存火；而尼安德特人则学会了人工取火，用火能力有了一个飞跃。尼安德特人还进行大规模的狩猎活动，利用悬崖把千百匹野马赶入绝地。更可贵的是，尼安德特人学会了埋葬，学会了照顾自己的同伴。在罗马附近的一个山洞里，有个尼安德特人的头下放着石器。在他的周围整齐地排列着74件石器工具。还用红色的氧化铁粉，放在死者的身上。很显然，这是有意安葬的，其似乎表示，希望死者能恢复生命的活力，到新的世界里继续使用陪葬的工具，有一个尼安德特人骨折后，依然活了很长时间。据研究，是尼安德特人的同伴在他受伤期间供给他食物。以上表明，尼安德特人的精神世界有了较大的飞跃，开始对活的和死的同伴表示关心，他们开始思考生命的活力来自何处，开始思考人死后到何处去这样的问题。

但是，月盈则亏，盛极必衰。7 万年前，兴旺一时的尼安德特人突然销声匿迹，从历史舞台上悄然消失。新的人类——智人走上了人类历史舞台。尼安德特人何处去了，它是灭绝了、融化了，还是隐藏起来了，成为人类学家搞清人类自身历史的一个重要问题。

尼安德特人何处去？目前有三种理论：一、灭绝说。尼安德特人在生存斗争中的落后性使他在进化中被灭绝了。灭绝的直接原因有语言落后说和人种退化说。前者是由美国布朗大学的语言学家菲利普·利伯曼和耶鲁大学医学院的解剖学家埃德蒙·克里林提出的。他们根据尼安德特人的头骨及声道特点，用计算机测定尼安德特人的发音能力，认为尼安德特人是单道共鸣系统，发音能力很低，影响了思想交流和种群的进步，因而发展滞缓，在生存斗争中处于劣

尼安德特人

势，终于被灭绝淘汰。人种退化说由李炳之、胡波在《人类的继往开来》一书中提出，该书认为，尼安德特人生活在小群体内，实行群内通婚。由于近亲交配，影响了人种的质量。尼安德特人眉脊突起，额叶收缩，正是退化的表现。人种退化使尼安德特人行动缓慢，走路踉跄，在狩猎、御敌中处于不利地位。终于被灭绝。尼安德特人怎么灭绝的？不少学者认为是被智人灭绝的，就像英国人灭绝塔斯马尼亚人一样。有人指出，不少尼安德特人化石上有受伤的痕迹，可能是与智人搏斗后留下的。二、融化说。这一种观点认为，尼安德特人横跨欧亚非三洲，数量一定很可观，智人兴旺时，人数很有限，不可能把全世界的尼安德特人全部消灭，他们很可能与尼安德特人通婚，生下进步的杂交后代，尼安德特人的基因融化在智人中，依据是现代人的身上也保存着尼安德特人的某些基因。三、退居荒野说。这是由前苏联学者基米特里·巴耶诺夫和伊戈·鲍特雪夫指出的。他们认为，“不管用哪一种进化规律和方式去看尼安德特人，不管什么样的社会历史，尼安德特人都不可能在相当短的时期内消失。”因此，“更有才能的工具制造者智人取代了尼安德特人的地位后，尼安德特人退居荒野，不得不逐渐依靠兽性的力量来维持生存。”退居荒野论的主要依据是古代的文献。比如基米特里·巴耶诺夫从罗马古籍中发现，罗马将军苏拉于公元前86年，在地拉琼曾遇到一种很原始的人种，当日被称为森林人，他们口齿含糊，音调刺耳，说话像马嘶。在迦太基人制造的陶瓷上也描绘了一种人形动物，很像是尼安德特人的形象。据此推测，尼安德特人一直生存到有史时期，它们与人类并行地生活着，尼安德特人的后代，也许就是通常所说的野人。

【片言碎语】尼安德特人的来龙去脉仍然是人类历史上朦胧的一章，随着分子遗传学和考古学的发现，才可能对尼安德特人的归宿有一个清晰的了解。

世界上果真有巨人存在吗

在当今社会中，身高两米左右者已属鲜见。但在最近几十年世界各地的发现野人的报告中，时常传出有关“巨人”存在的消息，令人将信将疑。

岂止在当代，早在古代的神话传说中，就充满了各种巨人的离奇神秘的故事。《圣经》中记载：人类祖先亚当和夏娃即是一对巨人。人们推算出，亚当身高40米，夏娃则是35米；在关于诺亚方舟传说中的诺亚也有31米之高。自然，神话毕竟是虚构的，但是在历史或地理发现中却令人惊讶地存在着大量的实据。

如著名的葡萄牙航海家麦哲伦在环球航行中，曾在美洲沿岸惊异地发现了“相当于八个正常人身高”的印第安人在跳舞。如果以1.65米为正常人高度，那么这些巨人有13米左右。1966年，著名的印度生物学家在离首都新德里近百公里的地方，发现了酷似人类骨骼的骨头，其身长竟有4米，肋骨长达1米，经科学鉴定，发现这是100万年前的大型猿人骨胳。由此推知：在100万年前，巨人族是一直存在着的。在爪哇、东非和蒙古、中国南部、印度等地都发现了巨人种族的遗骨。前苏联人类学家雅基莫夫博士据此推算出它们的体重在500公斤以上，相当于正常人体重的8至10倍。关于绝迹原因，有学者认为，因为巨人的头盖骨和大脑生长跟不上躯体发达程度，其进化便停止了，也就在地球上消失了。

然而，有些学者持怀疑态度，他们提出了针锋相对的论点：有可能在世界上的某一个地区，巨人族仍继续生存着。在 19 世纪末，一位学者在马来半岛探险，在半岛腹地的巨人族出没处，发现了他们使用过的木棒，一根棍棒竟几个人都拿不起来，可见巨人们力量的巨大。追溯更远的时间，在 1533 年，有位修士在《墨西哥人绘图历史》一书中指出：印第安巨人用手拔树，在太阳神庙以虎为食。1541 年，门多萨总督明确认为：墨西哥的巨人是南美洲巴塔戈尼亚人的后裔。18 世纪，一位修道士说过，有哈菲特血统的巨人航行至美洲，成为新西班牙的第一批居民。1770 年，在美国加利福尼亚曾流传一些消息：在这块土地上生活着一群身材巨大而不匀称的巨人。许多世俗史家、印第安人、土生白人和欧印混种人普遍认为巨人是新西班牙的第一批居民，在墨西哥各地都发现了巨人的头骨。在殖民地时代，许多总督都保管着极为罕见的巨人骨。有一次，在为修建大教堂而掘地时，人们发现了一具完整的巨人骨骼，它比普通人骨骼大数倍。据 1567、1579、1619 年在新加利西亚发掘的遗骸中，有一块巨人的头盖骨大得像炉灶一样，甚至

巨人

在上面可以烙玉米饼。在美洲，有关巨人的新闻时时出现。据报刊报道，本世纪70年代末，一批探险者及其印第安人向导在秘鲁的亚马逊河地区看到了一些红毛驼背巨人在奔走。1986年底，墨西哥一家大报报道，该年在墨西哥城东部又发现一个完整的巨人头颅骨，以及巨人使用过的石臼残片等遗物，那块头颅骨高宽分别为50和25厘米，犬牙比现代人的大2.5倍，估计身高在3.5至5米之间。

近年来，在亚洲、非洲、大洋洲，尤其是美洲，大量盛行关于野人的故事。在美洲已有数以百计的人目睹到一种称为“大脚怪”的巨物，身高近3米。据调查统计，到目前为止，在世界范围内已有400多人看见野人，次数多达百次以上。从这些目击者的报告来看，野人体型巨大，其脚印在30至48厘米，身长约2至3米。有的学者据此认为所谓的巨人很可能就是巨猿的后代。巨猿是古代生存的一种体型巨大的猿类，学会了直立。在化石记录中，它属于大熊猫动物群，而大熊猫至今仍生存着，根据巨猿化石，巨猿形象和野人、巨人十分相仿，所以，我国著名古生物专家吴汝康教授等认为，巨人极有可能是巨猿的后代。周国兴等学者还补充说，美洲的巨型野人“沙斯夸支”也可能是巨猿的后代，因为其体型也很高大。

【片言碎语】有学者指出，种种迹象似乎表明：目前，在地球上仍有不少文明人类足迹尚未踏入的地方，如茂密的原始森林、僻远的荒原、广袤的沙漠等，这里可能匿藏着至今尚未发现的巨人们。

究竟有没有雪人

在我国西南地区和尼泊尔一带，在蒙古的阿尔泰山上，在前苏联的高加索山区，有种种关于雪人的传说。雪人若隐若现，似有似无，它似人非人，似猿非猿，出没于冰山雪原。雪人究竟有没有，它究竟是什么动物？这是人类学家迫切希望解开的一个大谜。

雪人是历史传闻的热门话题。世界很多地方都流传着高山之上的雪人的种种传说，绘声绘色，娓娓动人。高加索地区一百名红军战士曾神秘地失踪，据说丧身于雪山。也有传闻说，女雪人把男子抢到山洞，与人生儿育女。

雪人的活动也有一些蛛丝马迹。1951 年，英国登山队在世界之巅珠穆朗玛峰试图征服珠峰，队员锡普顿在珠峰东面的高里喀山雪地拍摄到了一个奇怪的脚印，脚印长 31 厘米，宽 17.5 厘米，形状很像人的脚印。这里人迹罕至，是什么动物留下了似人的脚印呢？锡普顿认为，很可能是雪人留下的。

1972 年 12 月 17 日，美国动物学家克罗宁在尼泊尔康格玛山考察时，在帐篷边发现了一串清晰的大脚印，脚印长 27.5 厘米，宽 15 厘米，有一个分开的大脚趾，有一个宽大的后跟。克罗宁用脚印制成了模型，研究后推测，这是一种直立行走的动物。此外，波兰登山队 1975 年在珠峰南侧也发现了似人脚印。1980 年荷兰探险队在尼泊尔拉母当地区海拔 4500 米高处，又发现了似人动物的脚印。这些脚印很相似，都被认为是雪人留下的。

人们也曾亲眼看到过雪人的形象。1970 年，英国登山队员德·威廉斯在高山的月光下，看到一个人形动物在雪地上敏捷地跳跃前进。

1957 年，前苏联探险家勃洛宁在帕米尔山区两次看到一种奇怪的直立动物，它头上披着白色长毛，伸展着长长的手臂，走路佝偻着背。1958 年，美国登山队员在喜马拉雅山南麓的一条小溪旁看到一个披头散发的雪人在有滋有味地吃着青蛙，一见人走近，便倏忽而逝。

与雪人直接面对，甚至接触的事也曾发生。

1975 年，一个尼泊尔舍尔巴族姑娘在野外放牧，突然山石旁蹿出一个雪人，雪人满头棕黑色长发，身高 5 尺，力气很大，一把推倒姑娘，又赶去与牦牛搏斗，杀死了一头牦牛，然后扬长而去。1977 年，一名舍尔巴人从草甸上放牛归来，途中遇见两个雪人。一个见人走近，慌忙疾走而去，另一个却与牧人搏斗起来，把他打伤在地，然后慢悠悠地离去。牧人蹒跚回村，向村人诉说自己的经历，村人们去草地一看，只见草地被践踏一片，显然是与雪人打斗的痕迹。草地上还留下了几根白色的雪人长毛。

英国女人类学家玛拉·谢克雷博士认为，雪人是尼安德特人的后代。她研究了雪人的脚印，发现它似人，也似猿，与尼人更相似。它的大足趾很短，略向外翻。前苏联人类学家切尔涅茨基也认为雪人是尼人的后代。尼人在与智人的搏斗中，节节败退，一支逃入森林，成为野人，一支逃入高山雪峰，发展成为雪人。

我国人类学家周国兴认为，雪人是巨猿的后代。他比较了雪人脚印和猿类脚印，认为雪人更像猿。传说中的雪人直立行走，受惊时也匐地而行，很像古猿类。他推测，古代的巨猿，并没有真正灭绝，它的一支扩散到雪山地区，成为神秘的雪人。雪人还没有表现出具有语言的能力，只会发出一种模糊的声音，它们似乎还没有走进人类的大门。

还有些学者否认雪人的存在。他们认为传说的雪人的脚印可能是熊的脚印，也可能是山上的落石在雪融化后造成的。锡金政府曾组织过考察队考察传说中雪人出没频繁的世界第三高峰干城章嘉峰山麓，寻找雪人踪迹，但一无所获。1959 年，美国雪人考察队在尼泊尔考察了一个半月，也没有发现雪人的蛛丝马迹。至今，没有拍过一张雪人的照片，更没有雪人的标本，所以雪人是否真实存在，仍然是个疑问。

【片言碎语】雪人之谜至今充满着神秘性，在那茫茫的冰天雪地中，人类的踪迹至今还很少涉足，那里可能是一种新生物雪人的王国。雪人之谜的彻底解开，看来还需要时间。

失传的人头缩制术

安第斯高原在历史上曾经历过一系列较发达的古代文明时期，并创建了独具特色的印加文明。值得一提的就是他们的人头缩制术。

在安第斯山上曾有过一个神秘的“小人国”。这个国家的人们虽然身材很矮小，却健壮剽悍，凶猛好斗。尤其令人不可思议的是，他们对伏击到的战俘尸体，不仅要把死人身上的肉挖下来生吃掉，而且要把死人的脑袋砍下来，用一种特殊的方法，使整个头颅缩小到只有人的拳头那么大，而相貌却不变。他们把这种已缩小了的头颅当作胜利的纪念品，悬挂在自己住房的门前，或者用绳索捆带在自己身上，以此作为光荣和吉祥的标志。猎取人头最多的人被誉为部落的“英雄”，深受全部落的尊敬和歌颂。但奇特而神秘的缩头术却只有他们本部落的成年男人才知道，绝不向外人泄露机密。因此，缩头术成了他们独有的绝技，外人全然不知。

“小人国”与邻近的阿拉巴霍族人长期浴血奋战。他们越战越猛，很少死亡，而阿拉巴霍族人却被他们杀死了大半。可是，人算不如天算，在他们居住的区域突然发生的一次火山爆发，彻底摧毁了整个“小人国”。“小人国”在地球上消失了，他们的缩头术也就失传了。以上所言虽是传说，然而却是有实物为证的，在秘鲁国立人类学和考古学博物馆的库房里，至今仍保存着几个被缩小的人头原物，确只有拳头般大小，其中一个留着八字胡须、秃头、满脸怒气，形象十分生动。1934 年冬，美国内布拉斯加州的两个职员到落基山脉去采挖金矿，发现一个约 1 米高的洞，洞内漆黑如墨。他俩进入洞内，发现了一具高不及膝的小人干尸。这意外的发现使他俩感到无比的惊讶和新奇。他们把这具干尸送往卡斯珀医院去鉴定，经过 X 光透视及多项化验，最后公布的科学鉴定结果是：此“小人”身高仅 48 厘米，皮肤呈铜黄色，骨骼与人类的一致；左锁骨有明显的重伤痕迹，身上还留存不少伤痕；牙齿整齐而锋利，犬牙尖长，前额很低，而眼睛与面部的比例却比人类的大；从整个体形的发育程度来判断，此“小人”是个 60 多岁的男性。落基山脉的这一奇异发现被美国许多报纸作为重要奇闻，在头版刊登后，轰动了全美国。于是，得到了许多与此相类似的消息：在此发现以前，卡斯珀市的一个律师、一个买卖旧汽车的商人、一个矫形专家和一个墨西哥牧羊人都曾发现过此类“小人”干尸，可惜的是当时均未引起重视而失落了，只有矫形专家理查德珍藏了一具他发现的“小人”干尸。这具干尸后来由理查德的女儿赠送给怀俄明州立大学作研究之用，得以妥善保存至今。落基山脉关于

“小人”干尸的发现再次引起人们对南美缩头术传说的探索兴趣。

1935年以后，一些科学家兴致勃勃地对南美洲“小人国”的缩头术之谜进行了大量的考察和研究。其中取得较突出成就的是挪威学者托尔·海雅达尔。他在1947年曾冒险进入厄瓜多尔密林考察，并根据考察经历而撰写了《孤筏重渡》一书。在这本书中，较详细地记述了南美洲的缩头术。该书说，生活在基维陀热带森林里的一支印第安人，抓获外族中的仇人后，总是砍掉头颅，把头骨砸碎后挖掉，然后在掏空了头骨的头皮里装上热沙，经过特制，整个头颅便会缩小到只有拳头那么大，而相貌不变，以此作为胜利品而保存下来。一些学者认为，托尔·海雅达尔的这一记述和论断是可信的。

由于“头颅缩小之谜”在科学研究上具有重大的价值，因而引起了联合国教科文组织的重视。20世纪50年代以后，联合国教科文组织不断派遣一些著名的科学家到南美洲的安第斯山脉深入考察，又有一些重要的发现。他们在一个被莽林掩盖的山岩上，发现几十个一尺多高的龛式洞穴，每个洞壁间赫然陈放着一个仅拳头般大小的人类头颅，不仅五官俱全，而且科学家经过生理切片等一系列检验，证明它们都是成年人的头颅。这些发现更引起了全世界许多科学家的关注。医学教授弗格留申为解开“缩头术”之谜，冒着生命危险，几次深入到据说仍在进行“缩头术”的与世隔绝的希巴洛斯族人的密林住地去。但是，由于希巴洛斯族对外来人怀有仇恨心理，弗格留申尽管在那里一呆就是几年，仍然无法了解到他们的机密。直到有一年，当地伤寒病流行，希巴洛斯族对此束手无策，而弗格留申却用高明的医术救活了整个部落，才终于博得了他们的好感和信任，部落元老破例把机密“特山德沙”传授给了弗格留申。原来，希巴洛斯族盛行一种奇特的殡葬仪式：族里人死了，祭师就把死者的头颅割下，用一种名叫“特山德沙”的草药剂浸泡，把头颅缩小成拳头一般大小，既保持原来面目而又经久不烂；如果是受全族尊敬的酋长、元老死了，则全身都用“特山德沙”的草药微缩剂泡浸，使全身缩制成不到一尺高的“小人”干尸，以供全族祭祀。那么，希巴洛斯族的草药微缩法是否就是传说中的“小人国”的神秘“缩头术”呢？看来，这或许是有共通处，但却是难以证实的了。

【片言碎语】小人国的人有一些非凡的本领，如：在悬岩峭壁上攀缘树木，简直胜过猩猩；在崎岖山道上快步奔跑，动如猿鸟。他们的武器主要是木棍、石块、长矛和弓箭等。弓是用山羊角制成的，小箭涂有烈性毒液。他们具有高超的射击本领，擅长于在奔跑中发射冷箭，而且百发百中。他们常常背着成筐的毒箭，藏在山坡的草丛、石隙、洞口、树上，出其不意地伏击其它部落的人和牲畜。

神秘的宇宙奇观

是谁给了地球转动的力量

众所周知，地球在一个椭圆形轨道上围绕太阳公转，同时又绕地轴自转。因为这种不停的公转和自转，地球上才有了季节变化和昼夜交替。然而，是什么力量驱使地球这样永不停息地运动的呢？地球运动的过去、现在、将来又是怎样的呢？

人们最容易产生的错觉是认为地球的运动是一种标准的匀速运动，否则，一日的长短就会改变。伟大的牛顿就是这样认为的。他将整个宇宙天体的运动，看成是上好发条的机械，准确无误，完善无缺。其实，地球的运动是在变化着，而且极不稳定。

根据“古生物钟”的研究发现，地球公转的速度在逐年变慢。如在 4.4 亿年的晚奥陶纪，地球公转一周要 412 天；到 4.2 亿年前的中志留纪，每年只有 400 天；3.7 亿年前的中泥盆纪，一年为 398 天。到了 1 亿年前的晚石炭纪，每年约为 385 天；6500 万年前的白垩纪，每年约为 376 天；而现在一年只有 365.25 天。据天体物理学的计算，证明了地球公转速度正在变慢。科学家将此现象解释为是由于月球和太阳对地球的潮汐作用引起的。

石英钟的发明，使人们能更准确地测量和记录时间。通过石英钟记时观测日地的相对运动，发现在一年内地球自转存在着时快时慢的周期性变化：春季自转变慢，秋季加快。科学家经过长期观测认为，地球起这种周期性变化与地球上的大气和冰的季节性变化有关。此外，地球内部物质的运动，如重元素下沉，向地心集中，轻元素上浮、岩浆喷发等，都会影响地球的自转速度。

除了地球的自转外，地球的公转也不是匀速运动。这是因为地球公转的轨道是一椭圆，最远点与最近点相差约500万千米。当地球从远日点向近日点运动时，离太阳越近，受太阳引力的作用越强，速度越快。由近日点到远日点时则相反，运行速度减慢。还有，地球自转轴与公转轨道并不垂直；地轴也并不稳定，而是像一个陀螺在地球轨道面上做圆锥形的旋转。地轴的两端并非始终如一地指向天空中的某一个方向，如北极点，而是围绕着这个点不规则地画着圆圈。地轴指向的这种不规则，是地球的运动所造成的。

科学家还发现，地球运动时，地轴向天空画的圆圈并不规整。就是说地轴在天空上的轨迹根本就不是在圆周上的移动，而是在圆周以外做周期性的摆动，摆幅为9″。由此可以看出，地球的公转和自转是许多复杂运动的组合，而不是简单的线速或角速运动。地球就像一个年老体弱的病人，一边时快时慢、摇摇摆摆地绕日运动着，一边又颤颤巍巍地自己旋转着。地球还随太阳系一道围绕银河系运动，并随着银河系在宇宙中飞驰。地球在宇宙中运动不息，这种奔波可能自它形成时起便开始了。就现在地球在太阳系中的运动而言，其加速或减速都离不开太阳、月亮及太阳系其它行星的引力。人们一定会问，地球最初是如何运动起来的呢？未来将如何运动下去，其自转速度会一直变慢吗？

也许，人们还会问，地球运动需要消耗能量吗？若是这样，地球消耗的能量又是从何而来？它若不需消耗能量，那它是“永动机”吗？最初又是什么使它开始运动的呢？存在着所谓第一推动力吗？

【片言碎语】 地球自西向东自转，同时又围绕太阳公转。地球自转与公转运动的结合使其产生了地球上的昼夜交替和四季变化。

宇宙中还有另一个太阳系吗

茫茫宇宙，深藏着无数奥秘。有人曾设想，除我们的太阳系以外，还应有第二个、第三个太阳系。可是另外的“太阳系”具体在哪里？这个长期以来争论不休的问题，随着织女星周围发现行星系而逐渐明朗，有人认为已经找到了宇宙中的第二个“太阳系”，为寻找宇宙中其它许多“太阳系”提供了例证。

宇宙中的第二个“太阳系”是怎样发现的呢？1983 年 1 月，美国、荷兰、英国三个国家成功地发射了红外天文卫星。后来，天文学家们利用这颗卫星意外地发现天琴座主星——织女星的周围存在类似行星的固体环。这次发现在世界上还是头一回。这一发现可以说是不同凡响的划时代的发现。

织女星周围的物质吸收了织女星的辐射热，放射出红外线。红外天文卫星正是接收到了它所放射的红外线。比较四个不同接收波段的强度便可计算出该物体的温度为 90K（约−180℃）。一般来说，恒星的温度下限约为500K。温度为90K，这就是说那个物体是颗行星。而且，织女星真的也有行星系的话，它便相当于外行星。这样一个温度的物体只能用波长为几十微米的红外望远镜方可捕获到。

美国、荷兰、英国合作发射的卫星是世界第一颗红外天文卫星，主要用于探测全天的红外源，也就是对红外源进行登记造册。一般红外天文望远镜不能探出宇宙中的低温物体。因为大气中的水分和二氧化碳大量吸收了来自宇宙的红外线及地球的热，又会释放互相干扰的红外线。红外天文卫星将装置仪器用极低温的液态氦进行冷却，所以才有了这次的发现。

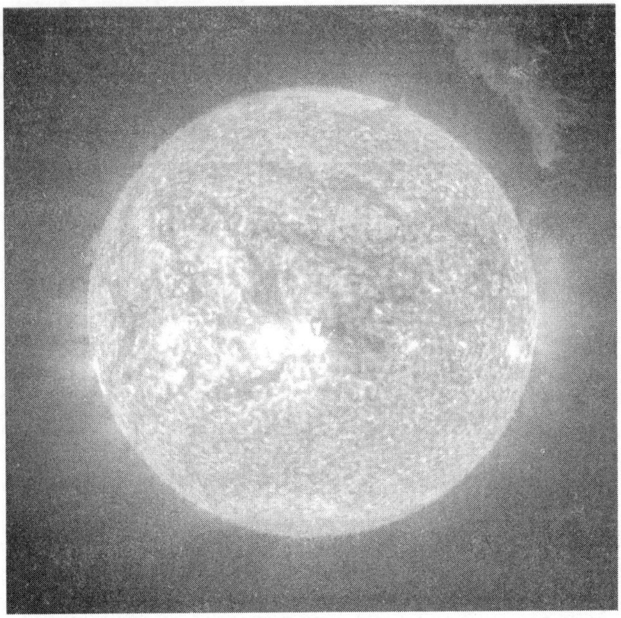

太阳系

探测表明，织女星行星系与太阳系行星一般大小。由于织女星放出的总能量是已知的，通过90K的物体的温度便能求出织女星和该物体之间的距离，也就是可以求出该行星系的半径。织女星距离地球26光年，是全天第四亮星。直径是太阳的2.5倍，质量约是太阳的3倍，表面温度约为10000℃，比太阳的表面温度（约6000℃）高。织女星诞生于10亿年前，太阳诞生于45亿年前，相比之下织女星要年轻得多。地球大致是与太阳同时诞生的，若认为织女星的行星也跟织女星同时诞生，那么就可以视它的行星处在演化的初期阶段。

依据行星形成的一般假说，当恒星产生时，在它的周围散发着范围为太阳系 100 倍的分子气体云环，因长期相互作用而分成若干个物质团块，进而形成行星。

东京天文台曾公布说，他们用射电望远镜在猎户座星云等地方发现“行星系的婴儿”，也可以说是原始行星系星云。

东京天文台和红外天文卫星的发现，看来可以说是行星形成过程中的不同阶段。深入分析和研究这两个不同阶段，以及更正确地描写织女星的行星像，无疑是当前世界天文学界所面临的一大课题。

【片言碎语】太阳系就是我们现在所在的恒星系统。它是以太阳为中心，和所有受到太阳引力约束的天体的集合体：第 9 颗行星冥王星已被开除、至少 165 颗已知的卫星，和数以亿计的太阳系小天体。这些小天体包括小行星、柯伊伯带的天体、彗星和星际尘埃。

太阳之迷

我们生来就看见天上有个太阳，从小到大都没有发现太阳有什么大的变化。就是从人类产生的那时起，人们就看到了今天这个模样的太阳。那么太阳是怎么形成的呢？

日冕温度之谜，太阳光球上层的温度为 4500℃左右，光球上面的色球温度从底部的 5000℃上升到顶部的几万摄氏度。按理说太阳的热源在日核，越往外温度应越低才对，为什么色球的情况相反呢？更有甚者，色球外面日冕的温度高达 200 万℃。日冕为什么会有如此高温？这至今还是一个谜。有人解释认为：太阳内部到处都激荡着强烈的声波，某些能量的波从日面逃逸出来，从而冲击了日冕，日冕吸收了波的能量，使它温度升高。色球也是如此。

最新研究表明，日冕的高温可能是日冕物质吸收太阳表面的电磁能所产生。日珥的温度在5000到8000℃之间，一般可上升到几十万公里，形状千奇百怪。有的日珥能长期存在，奇怪的是，日珥和日冕的温度、密度相差几百倍，何以能长期共存？

太阳中微子失踪之谜。在热核反应中，有一种神奇的粒子会产生，它的质量很小，或根本没有质量，它呈电中性，穿透力极强，能毫不费力地穿过地球。这就是中微子。太阳的核心在进行着大规模的热核反应，理应产生大量的中微子。计算表明，太阳核心每秒钟将产生 2×10^{43} 个中微子，在地球地面的每一平方厘米的面积上，每秒钟有几百亿个太阳中微子穿过。

科学家需要通过实验来证明一种理论的正确性。为了证明太阳模型的正确性，科学家们必须用仪器去验证，太阳中微子的实际数目是否与理论相吻合。实测结果表明，实际的太阳中微子数目远远小于理论值。大量的太阳中微子失踪了！

科学家开始迷茫，到底是我们对中微子的性质认识不足，还是原来的太阳产生能量的理论错了？难道太阳内部进行着另外只产生少量中微子方式的核反应？有人认为，可能是太阳中心的重力波改变了日核中的核反应。但“太阳中微子失踪之谜”目前还远未解决。

太阳是怎样形成的？我们生来就看见天上有个太阳，从小到大都没有发现太阳有什么大的变化。就是从人类产生的那时起，人们就看到了今天这个模样的太阳。那么太阳是怎么形成的呢？时间回溯到一百多亿年前，那时的宇宙比今天的要小许多，在宇宙的原始气体云中，银河系诞生了。同时银河系中的第一代古老的恒星诞生了。那些恒星经过漫长的过程后，在各自的大爆炸中死去，它们抛

太阳

出大量烧剩下来的气体，这些气体在冰冷的星际空间里游荡，一团团汇聚成一大团，其中的组成物质主要是氢和氦，还有其它的各种元素。由于万有引力的作用，大团气体开始凝缩成各个高密团块。各个团块的凝聚速度各不相同，每个团块的体积非常之大。随着时间的推移，有的团块靠近中央的部分开始加速凝聚，并产生旋转。由于气体的压缩，中间部分的温度上升。其中一个团块的中间部分的温度上升到了 700 万~1000 万℃以上，终于爆发了热核反应。一颗新的恒星诞生了，它就是太阳，诞生的时间大约在 45 亿年前。空间中的剩余气体，一部分继续落入太阳，一部分由较重原子组成的物质，在绕太阳旋转过程中又各自凝聚成星体，它们就是八大行星、卫星及其它。

实在是难以想象，我们的地球，地球上的一切，包括我们的身体，居然是由已死恒星的残余物质所组成。

太阳风中重离子加速之谜又是怎样的呢？太阳风的主体是由质子组成的，但其中也含有 5%比质子重 4 倍的 α 粒子，这些 α 粒子的速度比太阳风的速度还快。由牛顿第二定律，在相同大小的力的作用下，重的物体加速度小，因此质子的速度应该大于α粒子，所以很容易想到，α粒子一定单独受到了某种力，产生这种力的机制只青睐质量大的粒子。但这种机制到底是什么呢？

【片言碎语】 太阳是太阳系的母星，太阳也是太阳系里唯一会发光的恒星，也是最主要和最重要的成员。它有足够的质量让内部的压力与密度足以抑制和承受核聚变产生的巨大能量，并以辐射的形式，例如可见光，让能量稳定地进入太空。

月球的三个未解之谜

月球不是规则球形，而是极直径略小于月球赤道（以下简称“赤道”）直径的天体。仔细观察月球形状，我们会发现它好像被人用拇指和食指捏住两极“挤”过一样。这一现象并不奇怪，因为在久远的月球形成初期，月球自转产生的离心力可能使岩浆尚未冷却的月球赤道地区“鼓”出一块。然而，这只是关于月球形状的种种假设之一，尽管人类已经登上月球，但众多的月球之谜仍待科学家一一破解。

月球的第一个未解之谜就是形状不规则。早在18世纪末，法国数学家皮埃尔·西蒙·拉普拉斯就注意到，形状不规则的月球自转时会发生“颤抖”。

“谜团在于月球太扁了，”美国麻省理工学院地球物理学与行星科学教授玛丽亚·T.朱伯告诉《纽约时报》记者。

月球

20世纪六七十年代，太空探测器发现，处于月球与地球地心连线上的月球半径被拉长，也就是说，如果沿赤道把月球分成两半，截面不是正圆，而是像橄榄球一样的椭圆，“球尖”指向地球。但迄今无人能就月球当前形状的成因给出完全令人信服的解释。

月球的第二个未解之谜就是质量不均匀。一般认为，45亿年前，一个火星大小的天体撞击地球，产生的部分碎片形成月球，但这也仅限于推测。月球面对地球一面在物质构成及外貌方面与背对地球一面差异很大：前者地壳比另一面地壳薄许多，并拥有由玄武岩构成的广阔平原，这些平原被称为月海，这是很久以前月球表面火山喷发的结果。背对地球的一面地壳厚很多，有更多陨石坑，几乎没有月海。

一定程度上，月海中密度较高的玄武岩使月球的质量中心不在几何中心，偏离了约1.6千米。但是，迁移的发生过程尚不清楚。

月球的第三个未解之谜就是月地逐渐远离。法国人拉普拉斯在18世纪末发现月球形状不规则难能可贵，然而，他没有看到的是，月球正在逐渐远离地球。月球每年远离地球约3.8厘米。目前月球自转和公转周期相同，所以它的一面总是朝向地球。科学家估计，和现在约 38 万千米的距离不同，早期的月地距离可能只有约 2.6 万千米。由于天体运行轨道半径与天体转速有关，按照这一假设，1 比 1 的自转公转周期比可以解释当前月球形状不规则的现象。

还有一些科学家假设，月球形成初期的自转公转周期比为 3 比 2，也就是公转 2 周期间自转 3 周，这种情况至多持续了几亿年，最后因为潮汐力而自转降速，自转公转比稳定为现在的 1 比 1。计算结果表明，这段自转比公转快的时期可能提供足够的力，为月球形成目前的形状准备了条件。

【片言碎语】月球，俗称月亮，古称太阴，是环绕地球运行的一颗卫星。它是地球唯一的一颗天然卫星，也是离地球最近的天体（与地球之间的平均距离是 384400 千米）。

月球背面是飞碟基地吗

飞碟基地在哪里？月球背面是飞碟基地吗？

月球是围绕地球转动的一颗卫星。它围绕地球公转一周和自转一周所用的时间相同，因此月球永远只有一面对着地球。由于它转动时有点摆动，所以地球上的人们能看到月球 59%的容颜。而它的背面，自古以来就不为地球上的人类所知。

1959 年，前苏联“月球 1 号”探测器摄取了月球背面第一幅照片，获得了月球背面的平面图。1966 年，美国“月球轨道环行器”2 号从 46 公里远的距离对月球进行拍摄，发现月球面上有高大的塔状物。美国波音飞机公司科学研究所威廉·布赖亚博士根据这张照片，绘出了高大塔状物的草图，并认为它很像有建筑物的基地。前苏联空间工程学家亚历山大·阿布拉莫夫在研究过照片后指出："如果对这些月面物体进行分类的话，事实上它们与开罗郊外的大金字塔群何其相似！"月面上高大塔状物的排列方式与埃及金字塔顶点的排列方式完全一样。西方一些科学家据此推测，月球上的塔状物是外星人建造的。

月球背面真的是外星人飞碟活动的一个基地吗？这是迄今为止尚未揭晓的奇谜。

【片言碎语】 月球背面由于远离地球，一直是一片不为人知的神秘地带。根据科学观测，月球背面布满了巨大的陨石坑。在"阿波罗"年代的技术条件下，根本无法在月球背面着陆。更危险的是，航天器在月球背面着陆时，将失去和地球的无线电通讯联系。

宇宙是怎样诞生的

宇宙是万物的总称，是时间和空间的统一。宇宙是物质世界，不依赖于人的意志而客观存在，并处于不断运动和发展中。宇宙是多样又统一的。它包括一切，是所有时间和空间的统一体，没有时间和空间就没有一切。它是怎样诞生的呢？

远古时代，人们对宇宙结构的认识处于十分幼稚的状态，他们通常按照自己的生活环境对宇宙的构造作推测。在中国西周时期，生活在华夏大地上的人们提出的早期盖天说认为，天穹像一口锅，倒扣在平坦的大地上；后来又发展为后期盖天说，认为大地的形状也是拱形的。公元前 7 世纪，巴比伦人认为，天和地都是拱形的，大地被海洋所环绕，而其中央则是高山。古埃及人把宇宙想象成以天为盒盖、大地为盒底的大盒子，大地的中央则是尼罗河。古印度人想象圆盘形的大地负在几只大象上，而象则站在巨大的龟背上，公元前 7 世纪末，古希腊的泰勒斯认为，大地是浮在水面上的巨大圆盘，上面笼罩着拱形的天穹。也有一些人认为，地球只是一只龟上的一片甲板，而龟则是站在一个托着一个又一个龟的塔上……

关于宇宙的诞生，一般有以下几种观点。

宇宙永恒论：全新唯物哲学认为，宇宙的时空具有无限性，宇宙中的时间、空间都是无限的，宇宙是无限大并永恒存在的。也即宇宙在空间上是无限大的、宇宙在时间上是没有起止永远存在的。宇宙不存在创始，也不存在终结。宇宙的无限性、宇宙的永存性，表明宇宙是永恒的。一切变化的只是宇宙的物质形态，以及在物质形态上生成的意识形态。

宇宙分层论：当代天文学的研究成果表明，宇宙是有层次结构、像布一样、不断膨胀、物质形态多样、不断运动发展的天体系统。

宇宙大爆炸论：仅仅是一种学说，是根据天文观测研究后得到的一种设想。大约在150亿年前，宇宙所有的物质都高度密集在一点，有着极高的温度，因而发生了巨大的爆炸。大爆炸以后，物质开始向外大膨胀，就形成了今天我们看到的宇宙。大爆炸的整个过程是复杂的，现在只能从理论研究的基础上，描绘过去远古的宇宙发展史。在这150亿年中先后诞生了星系团、星系、我们的银河系、恒星、太阳系、行星、卫星等。现在我们看见的和看不见的一切天体和宇宙物质，形成了当今的宇宙形态，人类就是在这一宇宙演变中诞生的。

科学家认为它起源为137亿年前之间的一次难以置信的大爆炸。这是一次不可想象的能量大爆炸，宇宙边缘的光到达地球要花120亿年到150亿年的时间。大爆炸散发的物质在太空中漂游，由许多恒星组成的巨大的星系就是由这些物质构成的，我们的太阳就是这无数恒星中的一颗。原本人们想象宇宙会因引力而不再膨胀，但是，科学家已发现宇宙中有一种“暗能量”会产生一种斥力而加速宇宙的膨胀。

有些宇宙学家认为，我们的宇宙是唯一的宇宙；大爆炸不是在宇宙空间的哪一点爆炸，而是整个宇宙自身的爆炸。但是，新提出的暴涨模型表明，我们的宇宙仅是整个暴涨区域的非常小的一部分，还有可能这个暴涨区域是一个更大的始于无规则混沌状态的物质体系的一部分。这种情况恰如科学史上人类的认识从太阳系宇宙扩展到星系宇宙，再扩展到大尺度宇宙那样，今天的科学又正在努力把人类的认识进一步向某种探索中的“暴涨宇宙”、“无规则的混沌宇宙”推移。我们的宇宙不是唯一的宇宙，而是某种更大的物质体系的一部分，大爆炸不是整个宇宙自身的爆炸，而是那个更大物质体系的一部分的爆炸。因此，有必要区分哲学和自然科学两个不同层次的宇宙概念。哲学宇宙概念所反映的是无限多样、永恒发展的物质世界；自然科学宇宙概念所涉及的则是人类在一定时代观测所及的最大天体系统。两种宇宙概念之间是一般和个别的关系。

宇宙作为物质世界的全部，也就遵守物质自身的规律；而根据热力学第二定律，得出的结论实在令人难以接受：宇宙将在遥远的未来走向死亡——永恒的死亡。

设想在非常非常遥远的未来，所有恒星因缺乏燃料而熄灭，宇宙一片黑暗。在这漆黑的浩瀚太空中，潜伏着许多带自转的黑洞、离散的中子星和黑矮星，另外还有一些行星级的天体，它们在引力的作用下进行着一场战争，战争的结局是星系解散了，绝大多数天体被引力弹弓抛入星系际空间，永远漫游在膨胀着的太空中；而星系中心的黑洞取得了兼并战的局部胜利，它吞并了百分之几的天体，形成了更大的黑洞。这场战争持续时间长得超乎想象，大约是今天宇宙年龄的十亿倍。

在又一段长得超乎想象的时间里，当宇宙背景辐射由于膨胀降至足够低的程度时，所有的黑洞最终都会在一阵快辐射中一下子化为乌有，在宇宙永恒夜幕中划出一道道瞬现即逝的闪光；而其它天体也将在这漫长的时间里发生衰变而渐渐蒸发，直至完全消失，变成正电子或其它粒子；宇宙变成一锅令人难以置信的稀汤，其中有光子、中微子及数量正在逐渐减少的电子和正电子。宇宙曾经拥有的辉煌，包括闪烁的群星及智慧生命创造的无数奇迹，都湮没在这荒凉而又空虚的宇宙中，不留下任何记忆，只有时间在无休止地流逝，空间在无止境地膨胀……

【片言碎语】大爆炸后30万年，最初的物质涟漪出现。大爆炸后20亿~30亿年，类星体逐渐形成。大爆炸后100亿年，太阳诞生。38亿年前地球上的生命开始逐渐演化。

宇宙的中心在哪里

宇宙的中心到底在哪里？千百年来人们一直在寻求答案。

我们的先辈们曾认为宇宙是范围并不很大的球状天体，其中包含着地球以及其它一些形体较小的发光体。直至公元1700年以前，这种理论在天文学界一直占据主导地位。即使在哥白尼发现地球并非宇宙的中心之后，人们仍持同样的观点，只是把“宇宙主宰”这一光环又赠给了太阳而已，而宇宙的基本定义仍未得到根本上的改变。天空仍旧是天上的“球”，里面有许多星星，不过，它包括的主体是太阳，相比之下，地球要逊色得多。

开普勒的椭圆形轨道的思想废除了星体是“透明的球体”这一谬论，但是却仍然保留了星体是“最外层天体球”这一说法。感谢卡西尼的研究成果，他揭开了太阳系的真实面目，从而证明了太阳系比人们想象的要大得多，而这也只是将人们脑海中宇宙的边界扩大了而已。

直至哈雷于1718年发现了恒星也是运动着的球体这一事实后，天文学家们才开始重新认真地认识宇宙。当然，即使所有星体都在移动，宇宙仍有可能是有限的，而所有的星体也都有可能在进行着极其

宇宙

缓慢的移动。但是为什么有的星体的运动速度之快足以被人们观察到，而正是这些星体才能发出比较明亮的光线呢？

关于这一问题，存在这样一种可能，即某个星体由于具有较大的形体，从而能放射出比较明亮的光线，同时由于其体积较大，造成宇宙对它的束缚产生了困难，从而导致了它的移动。当然，这只是一种特定的假设，但这种全新的设想对于解开有关谜团是具有创造性意义的——即使其很难在实验室条件下得到验证，或根本无法解决任何问题。

另一方面，有些星球与地球间的距离有可能相对来说比较近，因此看上去就可能显得比较亮一些。再者，如果所有星球移动的速度是相同的，那么距地球越近，往往就显得运动得更快一些。这一点与实验室条件下的实验结果是相符的。这一现象是解释运动越快的星体其亮度越高的原因。那相对比较昏暗的星球其实也处于运动状态，但由于它与地球间距离实在太遥远了，因此即使经过几个世纪的观测也无法察觉到它的位置的变化，但这一变化却有可能在数千年的过程中被观测到，这的确需要人们一代一代不懈的努力。

如果各个星体与太阳系间的距离各不相同，那么宇宙就应该是无限的，而众多的星球则会像蜂群一样遍布于宇宙的各个角落。直至1718年，人们才意识到这一点而摒弃了宇宙有限论，从此，一幅广阔无垠而壮丽非常的宇宙画卷终于展现在人们的眼前。

太阳是太阳系的中心，太阳系中所有的行星都绕着太阳旋转。银河也有中心，它周围所有的恒星也都绕着银河系的中心旋转。那么宇宙有中心吗?

看起来应该存在这样的中心，但是实际上它并不存在。因为宇宙的膨胀一般不发生在三维空间内，而是发生在四维空间内的，它不仅包括普通三维空间（长度、宽度和高度），还包括第四维空间——时间。描述四维空间的膨胀是非常困难的，但是我们也许可以通过推断气球的膨胀来解释它。

我们可以假设宇宙是一个正在膨胀的气球，而星系是气球表面上的点，我们就住在这些点上。我们还可以假设星系不会离开气球的表面，只能沿着表面移动而不能进入气球内部或向外运动，在某种意义上可以说我们把自己描述为一个二维空间的人。

如果宇宙不断膨胀，也就是说气球的表面不断地向外膨胀，则表面上的每个点彼此离得越来越远。其中，某一点上的某个人将会看到其它所有的点都在退行，而且离得越远的点退行速度越快。

现在，假设我们要寻找气球表面上的点开始退行的地方，那么我们就会发现它已经不在气球表面上的二维空间内了。气球的膨胀实际上是从内部的中心开始的，是在三维空间内的，而我们是在二维空间上，所以我们不可能探测到三维空间内的事物。同样的，宇宙的膨胀不是在三维空间内开始的，而我们只能在宇宙的三维空间内运动。宇宙开始膨胀的地方是在过去的某个时间，即亿万年以前，虽然我们可以看到，可以获得有关的信息，而我们却无法回到那个时候。

【片言碎语】宇宙的形状现在还是未知的，但可大胆想象。有的人说宇宙其实是一个类似人的这样一种生物的一个小细胞，而也有人说宇宙是一种拥有比人类更高智慧的生物所制造出来的一个程序或是一个小小的原件，或者宇宙是无形的，它时刻都在变化着……总之宇宙的形状是人类一个未解的一个心锁。科学家推算宇宙直径约有300亿光年。

可怕的黑洞

什么是黑洞呢？要说清楚这个问题先看看黑洞产生的过程是怎么回事？

黑洞的产生过程类似于中子星的产生过程；恒星的核心在自身重量的作用下迅速地收缩，发生强力爆炸。当核心中所有的物质都变成中子时收缩过程立即停止，被压缩成一个密实的星球。但在黑洞情况下，由于恒星核心的质量大到使收缩过程无休止地进行下去，中子本身在挤压引力自身的吸引下被碾为粉末，剩下来的是一个密度高到难以想象的物质。由于高密度而产生的力量，使得任何靠近它的物体都会被它吸进去。可以简单理解为：通常恒星的最初只含氢元素，恒星内部的氢原子时刻相互碰撞，发生裂变、聚变。由于恒星质量很大，裂变与聚变产生的能量与恒星万有引力抗衡，以维持恒星结构的稳定。由于裂变与聚变，氢原子内部结构最终发生改变，破裂并组成新的元素——氦元素。接着，氦原子也参与裂变与聚变，改变结构，生成锂元素。如此类推，按照元素周期表的顺序，会依次有铍元素、硼元素、碳元素、氮元素等生成。直至铁元素生成，该恒星便会坍塌。这是由于铁元素相当稳定不能参与裂变或聚变，而铁元素存在于恒星内部，导致恒星内部不具有足够的能量与质量巨大的恒星的万有引力抗衡，从而引发恒星坍塌，最终形成黑洞。

跟白矮星和中子星一样，黑洞可能也是由质量大于太阳质量20倍的恒星演化而来的。当一颗恒星衰老时，它的热核反应已经耗尽了中心的燃料（氢），由中心产生的能量已经不多了。这样，它再也没有足够的力量来承担起外壳巨大的重量。所以在外壳的重压之下，核心开始坍缩，直到最后形成体积小、密度大的星体，重新有能力与压力平衡。

物质将不可阻挡地向着中心点进军，直至成为一个体积很小、密度趋向很大的东西。而当它的半径一旦收缩到一定程度（一定小于史瓦西半径），巨大的引力就使得即使光也无法向外射出，从而切断了恒星与外界的一切联系——“黑洞”诞生了。黑洞会发出耀眼的光芒，

黑洞

体积会缩小，甚至会爆炸。当英国物理学家史迪芬·霍金于 1974 年做此预言时，整个科学界为之震动。

霍金的理论是受灵感支配的思维的飞跃，他结合了广义相对论和量子理论。他发现黑洞周围的引力场释放出能量，同时消耗黑洞的能量和质量。

假设一对粒子会在任何时刻、任何地点被创生，被创生的粒子就是正粒子与反粒子，而如果这一创生过程发生在黑洞附近的话就会有两种情况发生：两个粒子湮灭、一个粒子被吸入黑洞。“一个粒子被吸入黑洞”这一情况：在黑洞附近创生的一对粒子其中一个反粒子会被吸入黑洞，而正粒子会逃逸，由于能量不能凭空创生，我们设反粒子携带负能量，正粒子携带正能量，而反粒子的所有运动过程可以视为是一个正粒子的为之相反的运动过程，如一个反粒子被吸入黑洞可视为一个正粒子从黑洞逃逸。这一情况就是一个携带着从黑洞里来的正能量的粒子逃逸了，即黑洞的总能量少了，而爱因斯坦质能方程 $E=mc^2$ 表明，能量的损失会导致质量的损失。

当黑洞的质量越来越小时，它的温度会越来越高。这样，当黑洞损失质量时，它的温度和辐射率增加，因而它的质量损失得更快。这种“霍金辐射”对大多数黑洞来说可以忽略不计，因为大黑洞辐射得比较慢，而小黑洞则以极高的速度辐射能量，直到黑洞的爆炸。

【片言碎语】 黑洞是一种引力极强的天体，就连光也不能逃脱。当恒星的史瓦西半径小到一定程度时，就连垂直表面发射的光都无法逃逸了。这时恒星就变成了黑洞。说它“黑”，是指它就像宇宙中的无底洞，任何物质一旦掉进去，“似乎”就再不能逃出。由于黑洞中的光无法逃逸，所以我们无法直接观测到黑洞。然而，可以通过测量它对周围天体的作用和影响来间接观测或推测到它的存在。

暗物质之谜

暗物质是什么？连科学家们也不敢说自己很了解。不过我们知道，暗物质一旦被证实，将为物理界以及整个人类的认识掀开崭新的一页。

几十年前，暗物质刚被提出来时仅仅是理论的产物，但是现在我们知道暗物质已经成为了宇宙的重要组成部分。暗物质的总质量是普通物质的6.3倍，在宇宙能量密度中占了1/4，同时更重要的是，暗物质主导了宇宙结构的形成。暗物质的本质现在还是个谜，但是如果假设它是一种弱相互作用亚原子粒子的话，那么由此形成的宇宙大尺度结构与观测相一致。不过，最近对星系以及亚星系结构的分析显示，这一假设和观测结果之间存在着差异，这同时为多种可能的暗物质理论提供了用武之地。通过对小尺度结构密度、分布、演化以及其环境的研究可以区分这些潜在的暗物质模型，为暗物质本性的研究带来新的曙光。

大约65年前，第一次发现了暗物质存在的证据。当时，弗里兹·扎维奇发现，大型星系团中的星系具有极高的运动速度，除非星系团的质量是根据其中恒星数量计算所得到的值的100倍以上，否则星系团根本无法束缚住这些星系。之后几十年的观测分析证实了这一点。尽管对暗物质的性质仍然一无所知，但是到了20世纪80年代，占宇宙能量密度大约20%的暗物质以被广为接受了。

在引入宇宙膨胀理论之后，许多宇宙学家相信我们的宇宙是一个平行空间，而且宇宙总能量密度必定是等于临界值的（这一临界值用于区分宇宙是封闭的还是开放的）。与此同时，宇宙学家们也倾向于一个简单的宇宙，其中能量密度都以物质的形式出现，包括4%的普通物质和96%的暗物质。但事实上，观测从来就没有与此相符合过。虽然在总物质密度的估计上存在着比较大的误差，但是这一误差还没有大到使物质的总量达到临界值，而且这一观测和理论模型之间的不一致也随着时间变得越来越尖锐。

不过，我们忽略了极为重要的一点，那就是正是暗物质促成了宇宙结构的形成，如果没有暗物质就不会形成星系、恒星和行星，也就更谈不上今天的人类了。宇宙尽管在极大的尺度上表现出均匀和各向同性，但是在小一些的尺度上则存在着恒星、星系、星系团以及星系长城。而在大尺度上能够促使物质运动的力就只有引力了。但是均匀分布的物质不会产生引力，因此今天所有的宇宙结构必然源自于宇宙极早期物质分布的微小涨落，而这些涨落会在宇宙微波背景（CMB）中留下痕迹。然而普通物质不可能通过其自身的涨落形成实质上的结构而又不在宇宙微波背景辐射中留下痕迹，因为那时普通物质还没有从辐射中脱耦出来。

另一方面，不与辐射耦合的暗物质，其微小的涨落在普通物质脱耦之前就放大了许多倍。在普通物质脱耦之后，已经成团的暗物质就开始吸引普通物质，进而形成了我们现在观测到的结构。因此这需要一个初始的涨落，但是它的振幅非常非常的小。这里需要的物质就是冷暗物质，由于它是无热运动的非相对论性粒子因此得名。

在开始阐述这一模型的有效性之前，必须先交待一下其中最后一件重要的事情。对于先前提到的小扰动（涨落），为了预言其在不同波长上的引力效应，小扰动谱必须具有特殊的形态。为此，最初的密度涨落应该是标度无关的。也就是说，如果我们把能量分布分解成一系列不同波长的正弦波之和，那么所有正弦波的振幅都应该是相同的。“大爆炸”初期暴涨理论的成功之处就在于它提供了很好的动力学出发机制来形成这样一个标度无关的小扰动谱（其谱指数 n=1）。WMAP 的观测结果证实了这一预言，其观测到的结果为 n=0.99±0.04。

但是如果我们不了解暗物质的性质，就不能说我们已经了解了宇宙。现在已经知道了两种暗物质——中微子和黑洞。但是它们对暗物质总量的贡献是非常微小的，暗物质中的绝大部分现在还不清楚。

【片言碎语】在宇宙学中，暗物质是指那些不发射任何光及电磁辐射的物质。人们目前只能通过引力产生的效应得知宇宙中有大量暗物质的存在。暗物质存在的最早证据来源于对球状星系旋转速度的观测。现代天文学通过引力透镜、宇宙中人尺度结构形成、微波背景辐射等研究表明：我们目前所认知的部分大概只占宇宙的 4%，暗物质占了宇宙的 23%，还有 73%是一种导致宇宙加速膨胀的暗能量。

UFO 之谜

UFO 全称 Unidentified Flying Object，中文意思是不明飞行物，又叫幽浮。在中国古代，UFO 又叫作星槎。

飞碟热首次出现在 1878 年 1 月，美国德克萨斯州的农民 J.马丁看到空中有一个圆形物体。美国 150 家报纸登载这则新闻，把这种物体称作“飞碟”。1947 年 7 月 8 日，地点是新墨西哥，美国陆军对外宣布，他们捕获了一只 UFO（飞碟），几个小时之后又撤回之前的声明。1947 年 6 月，美国爱达荷州的企业家 K.阿诺德驾驶私人飞机，途经华盛顿的雷尼尔山附近，发现 9 个圆盘高速掠过空中，跳跃前进。这一事件在美国所有报纸上得到报道，又一次引起了世界性的飞碟热，以后有关发现飞碟的报告纷至沓来，各国政府和民间机构也纷纷组织调查研究。其实，到现在科学家还没有查出不明飞行物的真相，但有大部分是人为的，只有少数原因不明。所以，真相没有大白！

自上世纪 40 年代末起，不明飞行物目击事件急剧增多，引起了科学界的争论。因为 UFO 不是一种可以再现的，或者至少不是经常发生的事物，没有检验的标准，迄今在世界上尚未形成一种绝对权威的看法。持否定态度的科学家认为，很多目击报告不可信，不明飞行物并不存在，只不过是人的幻觉或者目击者对自然现象的一种曲解，可以用天文学、气象学、生物学、心理学、物理学和其它科学知识来加以说明。他们甚至把飞碟学视为伪科学。肯定论者认为，不明飞行

UFO

物是一种真实观象，正在被越来越多的事实所证实，但许多UFO专家表示，他们并不肯定UFO是外星船。他们认为不应该把相信UFO存在与相信它来自外星的理论混淆起来，因为来自宇宙的假说只是根据其飞行性能、电磁性质以及目击者的印象解释归纳推断出来的，正确与否尚待查证。也有一部分UFO专家支持“外星说”。一些学者还指出，飞碟现象在许多方面与已知的基本科学规律不符，在解释这种现象时理论上所遇到的困难是它至今未能为现代科学家所承认的主要原因，但不能因此就轻易否定这种现象的存在。

99%的UFO都找到了合理的解释，剩下的也不足信，骗局是有的，但也不全是，一部分是好奇心，正如有人说的：“科学需要好奇心。”对不明飞行物的解释有这样几种情况。

一、地外高度文明的产物：有人认为有的UFO是外星球的高度文明生命（外星人）制造的航行工具。

二、自然现象：某种未知的天文或大气现象，地震光，大气碟状湍流（一些科学家认为UFO观象是由环境污染诱发的)，地球放电效应。

三、对已知现象或物体的误认：被误认为UFO现象的因素或物体有天体：行星、恒星、流星、彗星、陨星等；大气现象：球状闪电、极光、幻日、幻月、爱尔摩火、海市蜃楼、流云、地光；生物：飞鸟、蝴蝶群等;生物学因素:人眼中的残留影像、眼睛的缺陷、对海洋湖泊中飞机倒影的错觉等;光学因素：由照相机的内反射和显影的缺陷所造成的照片假像、窗户和眼镜的反光所引起的重叠影像等；雷达假目标：雷达副波、反常折射、散射、多次折射，如来自电密层或云层的反射或来自高温、高湿度区域的反射等，人造器械：飞机灯光或反射阳光、重返大气层的人造卫星、点火后正在工作的火箭、气球、军事试验飞行器、云层中反射的探照灯光、照明弹、信号弹、信标灯、降落伞、秘密武器等。

四、心理现象：有人认为 UFO 可能纯属心理现象，它产生于个人或一群人的大脑。UFO 现象常常同人们的精神心理经历交错在一起，在人类大脑未被探知的领域与 UFO 现象间也许存在某种联系。

我们有时候还会听到这样的说法：某某现象科学解释不了，那么就一定是外星人所为。对于这样的说法，我们应该仔细想想：这种现象是不是真的无法解释？所谓的“无法解释”可能是骗子编造的谎言；我们承认世界上还存在着科学还无法解释的问题，然而无法解释并不意味着永远不能解释。比如所谓月面上神秘的闪光现象。这种闪光不是外星人在捣鬼，而是陨石撞击、火山或者其它普通的物理现象。而所谓的“月桥”不过是光学的幻影。人类探索月球早期拍摄到月球上存在所谓“金字塔”和“方尖石”，然而后期拍摄的高分辨率图像显示那些石头普通得不能再普通。

绝大部分 UFO 的报告都是由没有经验的、未经训练的、没有准备的或异常激动的观察者提供的，信息非常模糊和不准确，因此通常不可能做出准确的判断。既然大部分 UFO 都被确认为捏造的或自然现象，那么少部分因证据不足无法确认的 UFO 也有属于捏造的或自然现象的可能性，这显然远远高于它们是天外来客的可能性。我们无法做出合理解释的唯一原因，是因为没有足够的必要证据，而不是因为外星人在捣鬼。奇怪的是，发现 UFO 的报告极少或几乎从来没有来自天文学家、气象学家或天文、气象爱好者，他们要比一般人花多得多的时间观察天空，应该更有可能发现空中异常才对，这究竟是外星人在有意躲着他们，还是因为他们作为专家，不容易把自然现象当成 UFO？

【片言碎语】在梵蒂冈埃及博物馆馆长的收藏物中，发现了一张古老的埃及莎草纸，记录了公元前 1500 年左右，图特摩斯三世和他的臣民目击 UFO 群出现的场面："22 年冬季第 3 日 6 时……生命之宫的抄写员看见天上飞来一个火环……它无头，喷出恶臭。火环长一杆，宽一杆，无声无息。抄写员惊惶失措，俯伏在地……他们向法老禀报此事，法老下令核查所有生命之宫莎草纸上的记载。数日之后天上出现更多此类物体，其光足以蔽日，并展之天之四维……火环强而有力，法老站于军中，与士兵静观其景。晚餐之后，火环向南天升腾……法老焚香祷告，祈求平安。并下令将此事记录在生命之宫的史册上以传后世。

神奇的麦田怪圈

麦田怪圈是在麦田或其它农田上，透过某种力量把农作物压平而产生出几何图案。这种现象在1970年代后期才开始引起公众注意。

在英国，农夫们可以追述到数代人以前，简单的圆圈图案已经出现在麦田内。英国媒体在上世纪80年代初期，首次报道这些麦田神秘圆圈图案。到了90年代麦田圈震撼世界各地人士，因为这些神秘的圆圈图案由简单的图形变成面积巨大、充满高深的几何学知识又复杂的美丽图案！麦田圈是全球出现的现象，每年新的图案在各地以令人难以置信的数目冒出。总的来说全球的注意力都集中在英国南部，这里出现的数量最多而且也出现在靠近上古文明遗迹如：史前巨石阵、埃夫伯里和Silbury山（欧洲最大的史前人造山）。

虽然长久以来这些神秘圆圈图案都有各式制作或出现的说法，但是到现在还没有一个有力和完整的解释，这些圆圈图案到底是如何出现的？不过比较令人信服的证据是：数段在麦田神秘圆圈图案出现时，所拍到的真实录影。画面里显示数个神秘小光球或白光在麦田上出现！许多这类神秘光球出现在多段录影当中；同时也出现在一些白昼拍摄，画面清晰的录影里。这些神秘光球很明显的呈现有规则方向和高智慧的移动方法，这是否能让我们把神秘光球和麦田圈联想在一起？

麦田里的植物样本也被拿来进行科学化验。这项工作由美国生物学家来完成，他们指出类似微波能量效应可能是麦田圈形成的原因之一。麦田神秘圆圈调查人员被要求使用更多的创造力和想象力在调查研究工作中。一些人员应用了禅定、光和音乐来测试图案，麦田圈似乎能与人类脑波互相联系。这些图案肯定地让我们知道我们是生存在超乎我们想象和复杂的世界。

350多年来，科学界对怪圈是如何形成的一直存在争议，关于成因，目前主要有五种说法。

一是磁场说。有专家认为，磁场中有一种神奇的移动力，可产生一股电流，使农作物“平躺”在地面上。美国专家杰弗里·威尔逊研究了130多个麦田怪圈，发现90%的怪圈附近都有连接高压电线的变压器，方圆270米内都有一个水池。由于接受灌溉，麦田底部的土壤释放出的离子会产生负电，与高压电线相连的变压器则产生正电，负电和正电碰撞后会产生电磁能，从而击倒小麦形成怪圈。

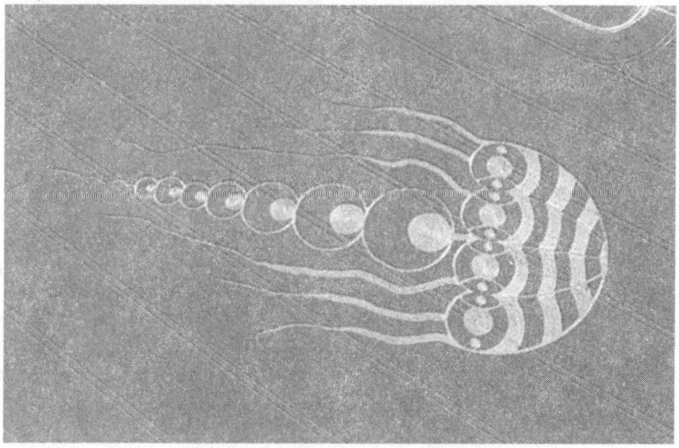

麦田怪圈

二是龙卷风说。从有关记载来看，麦田怪圈出现最多的季节是在春天和夏天，有人认为，夏季天气变化无常，龙卷风是造成怪圈的主要原因。很多麦田怪圈出现在山边或离山六七公里的地方，这种地方很容易形成龙卷风。

三是外星制造说。很多人相信，麦田怪圈大多是在一夜之间形成，很可能是外星人的杰作。

四是预告说。一些人相信，麦田怪圈背后有种神秘的力量，就像百慕大三角一样。根据这种猜测，有人认为麦田怪圈是“灾难预告”。

五是人造说。相当一部分人认为，所谓麦田怪圈只是某些人的恶作剧。英国科学家安德鲁经过长达 17 年的调查研究认为，麦田怪圈有 80%属于人为制造。

目前，有众多麦田圈事件被他人或者自己揭发为有人故意制造出来以取乐或者招揽游客。唯麦田圈中的作物“平顺倒塌”方式以及植物茎节点的烧焦痕迹并不是人力压平所能做到，也有麻省理工学院学生试图用自制设备反向复制此一现象但依然未能达成，至今仍然没有解释该现象是何种设备或做法能够达到。此点也是外星人支持论者的主要物证基础。

【片言碎语】人们最早发现麦田怪圈是在 16 世纪末的荷兰，第一则关于“麦田怪圈”的报道可以追溯到 1647 年的英国，此后，美国、澳大利亚、欧洲、南美洲、亚洲等地都频频发现麦田怪圈，其中绝大部分是在英国。截至目前，全世界每年大约要出现 250 个麦田怪圈，图案也各有不同。发现最早的麦田怪圈插图见于 1678 年的古书。《割麦的魔鬼》画中一个恶魔手持镰刀在麦田里作圆形的图，此图作为 17 世纪就存在怪圈的证据。不过插图显示魔鬼并没有让麦子弯折，而是割掉，所以跟麦圈又有点不同。

火星上有河床为什么没有水

人类自首次登月后，进一步激发了探索其它星球的欲望。科学家们在寻找存在生命的迹象的星球时，对火星产生了浓厚的兴趣。

火星酷似地球，被称为地球的孪生姐妹。空间探测指出，凹凸不平的火星表面上存在干涸的河床。它们是古代火星的洪水冲刷而成的。

在 1964~1977 年这十几年间，美国对火星发射了“水手号”和“海盗号”两个系列共 8 个探测器。科学家发现火星上存在着一些宽阔而弯曲的河床。1997 年 7 月 4 日在火星登陆的“火星探路者”号也“看”到类似的干涸河床。科学家认为，在 10 亿~30 亿年前，“火星探路者”号登陆的阿里斯山谷曾遭受火山热袭击，贮藏在火星地表下面的冰被融化成水，涌出表面，形成了汹涌流动的洪水。这些观测表明，火星表面虽然现在没有流水，但它曾经有过而且量很大。此外，在火星极冠和大气层中还有冰水和冰云颗粒。这就是说，火星表面以下，表面和大气中都曾有过水。

科学家们对美国两个火星探测器的观测数据进行分析后发现，火星北极区域可能含有大量冰冻水，储量比火星南极区域多出约三分之一。新发现对于在火星上寻找生命存在迹象，确定未来火星探测地点等都有重要意义。

在火星的冬季，其稀薄大气中的二氧化碳有约三分之一以干冰形式在火星极地积聚，覆盖住下面的土壤。火星极地厚厚的干冰会随春季和夏季的来临而消散，下面的土壤层则暴露出来。

美国“奥德赛”号火星探测器曾在火星南极区域发现大量冰冻水存在的迹象。俄罗斯和美国科学家曾在美国《科学》杂志上联合撰文介绍说，他们在研究中不仅利用“奥德赛”号上的伽马射线和中子探测装置的观测结果，对火星北极区域的干冰层季节性变化进行了分析，还结合了也在火星轨道工作的美国“火星环球勘测者”号携带的激光测高仪的观测数据。这一测高仪能直接测量火星北极区域干冰层在不同季节的厚度。

俄美科学家的分析结果显示，当覆盖火星北极的干冰层随季节转换而消失后，下面的大片区域表现出富含地下冰冻水的特征。研究小组负责人、俄罗斯航天研究所米特罗法诺夫博士说，“在其中一些地方，按体积计算，冰冻水含量超过了90%。”

另据研究小组成员、美国亚利桑那大学博因顿介绍，火星北极的冰冻水可能位于火星表面之下很浅的土壤层。他说，在火星北极地区任何地方往下挖几厘米到30厘米左右，可能都会发现以冰冻状态存在的水。

然而，最令科学家们困惑的问题是：曾经那么丰富的河水跑到哪里去了？有人提出，从巨大的江河到今日滴水无存，河床干涸，这说明，火星的气候曾经发生了根本的变化。当然，假说是否合理还需要更多的科学证明。

【片言碎语】火星是太阳系由内往外数的第四颗行星，属于类地行星，直径为地球的一半，自转轴倾角、自转周期与地球相近，公转一周则花两倍时间。在西方被称为“战神玛尔斯”，中国则称为“荧惑”。橘红色外表是因为其地表为赤铁矿（氧化铁）。火星基本上是沙漠行星，地表沙丘、砾石遍布，没有稳定的液态水体。

地球会爆炸吗

一部电影《2012》，让人们对未来充满了前所未有的恐惧，但是地球真的会爆炸吗？

依赖对地震波的研究，人类对地球的内部结构已经有了一定的认识。大致上地球分为地壳、地幔、地核三层。地壳平均厚度约35公里，青藏高原的地壳厚65公里以上，海洋下只有5~8公里。地壳下地幔直至地表下2900公里处，其绝大部分呈固体状态，只有其中软流圈中的1%~10%呈熔融状态。在长期持续高温、高压条件下，地幔像一种黏性极大的物质。地核又分外地核和内地核，外地核呈液态，内地核则是固态。地球的这种分层结构是地球长期演化的结果。现在流行的看法是地球起源于46亿年以前的原始太阳星云。经过微星的集聚、碰撞和挤压使其内部变热，以后则是放射性物质的衰变使地球内部进一步升温，约在40亿~45亿年前当温度上升到铁的熔点时，大量熔化的铁向地心沉降，并以热的方式释放重力能，其能量相当于一千多次百万吨级的核爆炸。大量的热使地球内部广泛熔化和发生改变，逐步形成了分层结构，其中心是致密的铁核，熔点低的较轻物质则浮在表面，经冷却形成地壳。这种分异作用，一开始就可能使气体逸出，形成大气圈和海洋。地球经过许多亿年的演化才呈现出现在的面貌。但地球从形成以来，就始终处于不断的变化和运动之中，并保持着动力学上的平衡状态。即使在演变过程中，释放出难以想象的巨大能量，也没有发生过爆炸，在其内部结构，已相对稳定的今天，就更不可能发生爆炸了。

要发生爆炸，总需具备一些内在条件。我们知道能释放出巨大能量的不外乎是核爆炸。原子弹利用了放射性物质发生核裂变的链式反应，氢弹是通过氢元素的核聚变来释放大量能量的，在地球上并不存在自然产生这两种核爆炸的条件。具有放射性的铀、钍等元素在地球上的丰度很低，只有百万分之几，而且以纯度不高的状态散布。人们要制作原子弹必须利用高科技手段使其浓缩，然后才能触发出裂变链式反应，在自然条件下根本不可能产生这样的反应。同样，氢元素的核聚变也需要特定的条件。我们知道，太阳能辐射出大量的能量是由核聚变维持的。由于太阳大气中氢含量极高，约占71%。太阳的质量很大，是地球的33万倍，其中心压强极高，处于太阳中心的气体具有极高的温度（1.5×107K），太阳气体中的氢元素通过质子——质子反应和碳氮循环就能使质子聚变成α粒子，释放出巨大的能量。地球上包括其内部都没有与此相适应的天然条件。可见地球并不存在爆炸的任何条件。当然，地球上的火山爆发、地震、造山运动等释放了相当惊人的巨大能量，但这只不过是地壳的构造活动，它能部分改变地壳的现状，造成地壳的隆起和沉陷，使沧海变成高山，平地变为海洋，但并不能造成地球爆炸。这种地壳构造活动自地壳形成以来从来就没有停歇过，地球都没有发生过爆炸，今后也不会发生。

某些外因虽然也可能诱发地球解体，但这与地球爆炸绝不相同，而且这样的外因也并不存在。如果有一个质量极大的天体运动到地球附近时其巨大的引潮力有可能造成地球破裂。目前并没有发现有任何巨大的天体闯到太阳系中来，更不用说接近地球了。由于宇宙空间中巨大天体之间的空间距离相当大，要使它们相遇并接近的概率微乎其微，这一可能目前是完全可以排除的。足够大的天体对地球的碰撞也有可能造成灾难性的后果，但也不会发生地球的爆炸。可能正是受到彗木相撞事件的启示，人们对可能与地球相撞的小行星正给予密切的注意。以现有的科学技术水平来看，人们完全有把握像预报彗木相撞事件那样，对行星际空间内天体与地球相撞作出准确的预报。最近的研究发现只有个别小行星的轨道与地球公转轨道有一定程度的接近，这与轨道相交是有区别的。即使是轨道相交，地球和小行星通过该交点的时间不同也不会发生碰撞。如此苛刻的碰撞条件也不是轻易就会出现的。即使会出现，天文学家们也会准确作出预报，人类也会设法采取相应的应急措施，我们完全不必杞人忧天。

可见，地球并不存在爆炸或解体的内外部条件，我们仍然可以在这片人类生存的乐土上创造更加美好的未来。

【片言碎语】宇宙中万物都要经历诞生、成长、衰老直至消亡的过程。人类赖以生存的乐园地球也不例外。但地球不会在最近的将来就走向灭亡，更不会发生爆炸。爆炸是物体发生剧烈变化的一种形式，并在极短时间内释放大量的能量，并造成物体自身的解体。地球并不存在发生这种变化的条件。

奇妙的异域风情

诡秘的幽灵岛

西方人酷爱航海，而历来航海史上怪事多多。诡秘的幽灵岛又是怎么回事呢？

在斯匹次培根群岛以北的地平线上，1707 年英国船长朱利叶斯发现了陆地，但这块陆地始终无法接近，然而值得肯定的是，这块陆地不是光学错觉，于是他便将“陆地”标在海图上。200 年后，乘“叶尔玛克”号破冰船到北极考察的海军上将玛卡洛夫与他的考察队员们再次发现了一片陆地，而且正是朱利叶斯当年所见到的那块陆地。航海家沃尔斯列依在 1925 年经过该地区时，也发现过这个岛屿的轮廓。但科学家们在 1928 年前去考察时，在此地区却没有发现任何岛屿。

一艘意大利船在 1831 年 7 月 10 日途经西西里岛附近时，船长突然发现在东经 12°42′15″、北纬 37°1′30″的海面上海水沸腾起来，一股直径大约 200 米、高 20 多米的水柱喷涌而出，水柱刹那间变成了一团500多米高的烟柱，并在整个海面上扩散开来。船长及船员们从未见过如此景观，被惊得目瞪口呆。当这只船在8天以后返航时，发现一个冒烟的小岛竟出现在眼前。许多红褐色的多孔浮石和大量的死鱼漂浮在四周的海水中，一座小岛在浓烟和沸水中诞生了。而且在随后十多天里不断地伸展扩张，周长扩展到4.8公里，高度也由原来的4米到了60多米。由于这个小岛诞生在突尼斯海峡里，这里航运繁忙，地理位置重要，因此马上引起了各国的注意，大量的科学家前往考察。但奇怪的事情发生了，正当人们忙于绘制海图、测量、命名并多方确定其民用、军事价值时，小岛却突然开始缩小。到9月29日，在小岛生成后一个多月，它已经缩小了87.5%；又过了两个月，海面上已无法再找到小岛的踪迹，该岛已完全消失。

类似的事情也发生在大西洋北部。有一座盛产海豹的小岛，它是100多年前由英国探险家德克尔斯蒂发现的，它也因此被命名为德克尔斯蒂岛。大批的捕捉者来到了这个盛产海豹的岛上，并建立了修船厂和营地，但此岛却在1954年夏季突然失踪了。大量的侦察机、军舰前来寻找均无结果。时隔8个月以后，一艘美国潜水艇在北大西洋巡逻，突然发现一座岛屿出现在航道上，而航海图上却从来没有标示过这样一个岛屿。潜水艇艇长罗克托尔上校经常在这一带海域航行，发现此岛后大为震惊，罗克托尔上校通过潜望镜发现岛上有人居住，有炊烟，于是命令潜水艇靠岸登陆。经过询问岛上的居民才知道，这正是8个月前失踪的德克尔斯蒂岛。

类似的怪事还有很多，科学家们称这种行踪诡秘、忽隐忽现的岛屿为“幽灵岛”。它们不同于那种热带河流上常见的，由于涨水或暴风雨冲走部分河岸或沼泽地而形成的漂浮岛。那么，幽灵岛是怎样形成的呢？这种时隐时现的小岛究竟是从何而来，又因何而去的呢？这成为世界海洋科学家们的热门话题。

法国科学家对这类来去匆匆的“幽灵岛”的成因解释为：由于撤

哈拉沙漠之下有巨大的暗河流入大洋，巨量沙土在海底迅速堆积增高，直至升出海面，因此临时的沙岛便这样形成了。然而，暗河水会出现越堵越汹涌的情况，并会冲击沙岛，使之迅速被冲垮，并最终被水流推到大洋的远处。

美国的海洋地质学家京利·高罗尔教授却提出了完全不同的观点。他认为海洋上的“幽灵岛”的基础是花岗岩石，而并非是由泥沙堆积而成。它形成的年代久远，岛上有茂盛的植物和动物群，是汹涌的暗河流冲击不垮的。那么“幽灵岛”为什么会突然消失呢？他认为“幽灵岛”出现的海域是地震频繁活动的地区，海底强烈的海啸和地震使它们葬身海底。高罗尔教授还认为，如果太平洋西北部的海底板块产生强烈的大地震使之大分裂的话，日本本岛、九州也同样会遭到和“幽灵岛”同样的命运，会沉没在碧波万顷的大海之中，而且他认为自己并非是在危言耸听。

另有学者认为，这不过是聚集在浅滩和暗礁的积冰，还有人推测这些“幽灵岛”是由古生的冰构成，后来最终被大海所“消灭”。多数地质学家则认为是海底火山喷发的作用形成此类小岛。他们认为，有许多活火山在海洋的底部，当这些火山喷发时，喷出来的熔岩和碎屑物质在海底冷却、堆积、凝固起来；随着喷发物质不断增多，堆积物多得高出海面的时候，新的岛屿便形成了。有的学者认为，小岛的消失是因为火山岩浆在喷出熔岩后，基底与海底基岩的连接不够坚固，在海流的不断冲刷下，新岛屿自根部折断，最后消失了。有的学者认为，可能在海底又发生了一次猛烈的爆炸，使形成不久的岛屿被摧毁。还有学者认为，是火山活动引起地壳在同一地点下沉，使小岛最终陷落。

【片言碎语】各种观点虽然各有各的道理，但都不能说明，为什么有些小岛会一而再、再而三地“耍把戏”呢？为什么它们在同一地点突现、消失、再突现、再消失，而与其邻近的海域却没有异常现象发生呢？到底是什么所为呢？这是一个难以解开的谜团，始终困惑着科学家。

沙漠中的“魔鬼城”

著名的“魔鬼城”，究竟是谁建造了它？那无数奇异的声音又是从哪儿来的呢？

这是一个杳无人烟却又热闹非凡的“城市”。当晴空万里、微风吹拂时，人们在城堡漫步，耳边能听到一阵阵从远处飘来的美妙乐曲，仿佛千万只风铃在随风摇动，又宛如千万根琴弦在轻弹。可是旋风一起，飞沙走石，天昏地暗，那美妙的乐曲顿时变成了各种怪叫：像驴叫、马嘶、虎啸……又像是身边婴儿的啼哭、女人的尖笑；继而又像处在闹市中：叫卖声、吆喝声、吵架声不绝于耳；接着狂风骤起，黑云压顶，鬼哭狼嚎，四处迷离……城堡被笼罩在一片朦朦的昏暗中。

科学家在经过实地考察后，提出了一个新观点——“风成说”。实际上“魔鬼城”就是一个“风都城”，并没有什么鬼怪在兴风作浪，而是肆虐的风在中间发挥着作用。“魔鬼城”的种种现象都可以由地球科学的“风蚀地貌”来解释。在气流的作用下，狂风将地面上的沙粒吹起，不断冲击、摩擦着岩石，于是各种软硬不同的岩石在风的作用下便被雕琢成各种各样奇怪的形状。

“魔鬼城”的地层是古生代的沉积岩，经过漫长岁月的积累，一层又一层相叠而成，厚薄不一，松实结合的岩层，再加上这里地处干燥少雨的沙漠气候，经过太阳的烤炙，大地在白天时一片灼热。而气温又会在晚上骤然下降，冷热变化十分剧烈。在热胀冷缩的作用下，岩石会碎裂成许多裂缝和孔道。沙漠地区的风面对着准噶尔盆地老风口，再加上常年受到从中亚沙漠地区而来的西北风的影响，这些风最大的风力可达10~12级，风力极强。夹带着大量砂粒的狂风扑打在岩石上，长年累月地对那些有软有硬的岩壁进行侵蚀，这样那些岩石也就被雕琢得十分精致而且神奇。

但是，经过实地考察，雕琢“魔鬼城”的伟大工程师绝不止有“风”，还有“雨”，即流水的侵蚀、切割。是不是“风吹雨打”就足够了呢？不！这还不够。因为“风”和“雨”只是条件，是外因；还缺少物质基础即内因。这个内因就是岩石，而“魔鬼城”里恰好分布着形态各异的山岩，且大多裸露在地面上。有的像飞檐斗拱的亭台楼榭；有的像纪念塔、金字塔;而那些好似耸立的“城垛”和起伏不平的“雉堞”更像历史久远的城堡，虽久经风化，还可依稀辨认。坍塌的断壁，巍峨的石柱，错落的街巷，曲折幽深，仿佛是一座深不见底的迷宫。那些涂着淡红褐色的房屋、碑石、暗堡更是给城堡增添了一种神秘莫测、扑朔迷离的色彩。岩壁中间是蜿蜒盘绕、坎坷不平的通道，其迂回曲折的形态如同现实中的马路一样。许多岩石久经风化，如同人

魔鬼城

像，又如珍禽异兽一般，栩栩如生。而且这些岩石都水平叠置，保证了岩层虽经风吹雨淋而没有土崩瓦解。

看来，“魔鬼城”的建造者不是风、雨、石等个别的因素，当然更不可能是魔鬼，而是多种因素共同作用的结果。“魔鬼城”里的“魔鬼”终于被科学家们找了出来，人们再也不必为此担惊受怕了。

【片言碎语】魔鬼城又称乌尔禾风城。位于准噶尔盆地西北边缘的佳木河下游乌尔禾矿区，西南距克拉玛依市100公里，是一处独特的风蚀地貌。

百慕大神秘三角区

在百慕大三角区，先进的仪器都会失灵，而人员一旦遇险则没有生还的可能。这里被称为“魔鬼三角”，是令人恐怖的神秘之所。

在百慕大三角区船只遇险的可怕情况在500年前就已经出现了。哥伦布于1502年第四次去美洲时，进入百慕大三角区后，巨大的风暴袭击了他的船队。那种可怕的情景给哥伦布留下了深刻的印象，他把当时的情况告诉了西班牙国王：“浪涛翻卷，连续八九天，我两眼见不到太阳和星辰……我这辈子见过各种风暴，可是从来没有遇到过时间这么长、这么狂烈的风暴。”

17世纪，海盗袭击一度成为船舶神秘失踪的原因，可是岸上从来没有发现过船员的尸体和船只的残片。到了19世纪，海盗几乎绝迹，可是船舶失踪的事件依然不断发生。

1925 年 4 月 18 日，日本货船“来福丸”号从波士顿出港。不久，北面出现了低气压，为了进入平静的海区，船员把罗盘刻度向南回转，经过百慕大群岛海域。然而不久，这艘船就下落不明了，船与船员都消失得无影无踪。19000 吨的大船——美国海军运输船“赛克鲁普”号同样经历了这样的灾难，它连同 309 名乘员，消失在百慕大三角区……

到了现代，大量的飞机在飞经这一海域时，也经常发生仪器失灵、飞机及人员神秘失踪的事件。

1948 年 1 月 29 日，百慕大机场的控制塔突然收到英国一架从伦敦飞往百慕大三角区的客机的紧急求救。这架飞机请求帮助指明航向，在控制塔做出指示之前，飞机上的 26 名乘客连同飞机全部消失得无影无踪。

1949 年 1 月，另一架英国飞机，在飞往牙买加的途中纵贯百慕大三角区时，也遭到了同样的命运。而美国一架水上飞机在 1956 年经过百慕大三角区时也神秘消失。

1963 年 8 月 23 日，美国从佛罗里达州的霍姆斯特德基地起飞的两架喷气式空中加油机，在清晰地与指挥塔联络以后便消失了踪影；随后又有两架巨型引擎飞机也仿佛在空中熔化了。

1965 年 6 月，一架美国 C-119 运输机飞向巴哈马群岛，也是从霍姆斯特德基地起飞离陆以后，只飞了 160 千米，就谜一样地失踪了……

1967 年 2 月 2 日，美国一架从佛罗里达机场飞向波多黎各的飞机，在空中与机场的联络良好，机组人员预计下午 3 时到达波多黎各。但后来空中突然没有了电波，飞机再也没能降落。

令人百思不得其解的是，救援者在出事现场既没有看到舰船、飞机的残骸，也看不到遇难者的尸体。更神秘的是，一些失踪的船只在许久之后竟重新在此海域出现，可船上却没有一个人影。为了找出百慕大三角区的神秘事件的原因，专家们从不同角度加以探测。

一些人认为百慕大三角区的怪异现象是“虚幻之谜”。美国科学家拉里·库什利用大量可靠的原始资料进行了广泛深入的研究，他说早在16世纪哥伦布探险时期就有记载的发生在百慕大三角区的这些奇异现象大多是由于狂浪、飓风、海啸等自然灾害造成的。很多研究百慕大的学者在研究这些空难或海难时没有重视它，甚至有意或无意地删去这些情节，这完全出于猎奇心理，甚至有些人为了吸引别人注意还把发生在其它地方的空难、海难事故说成是在百慕大三角区发生的。最后，拉里·库什呼吁：“再也没有任何相信有超出科学可知性范围的事，会比相信百慕大三角区之谜更为糟糕的了。百慕大三角区是最典型的伪科学、超科学、科学幻想和宣传上的胡作非为。”

但更多的人并不否认百慕大的神秘。前苏联科学家最早提出海底水文地壳运动说。他们认为，由于百慕大海域的洋流因其极为复杂的海底地貌而纵横交叉、变幻莫测，多个巨大的漩涡流在这里形成，后来美国科学家又进一步证实了这种观点。他们认为，百慕大海域的巨大漩涡在阳光照耀下产生极高的温度，船舰沉没、飞机爆炸就是因此而造成的。次声波地磁引力说是第二种主要观点。苏联地球物理学家B.B.舒列金在20世纪30年代提出，海浪产生的次声波可以解释百慕大三角区的神秘现象。他认为，在发生地震、风暴、火山爆发等自然灾害的同时，次声波也随之震荡，这种次声波人耳无法听到，但是却具有十分巨大的破坏力。处在振荡频率约为6兹的环境中，人便会感觉极度疲劳，随后又出现本能的恐惧和焦躁不安；而处在频率为7赫弟弟的环境中时，人的心脏和神经系统陷入瘫痪。次声波在百慕大三角这个区域十分活跃，它可能就是导致种种惨剧发生的罪魁祸首。

此外，一些人还把百慕大三角区同“时空隧道”、外星人基地等联系起来，这些无疑又给百慕大三角区蒙上了更加神秘的色彩。

【片言碎语】 百慕大三角区位于北大西洋西部，是由7个大岛和大约150个小岛以及一些礁群组成的群岛，据称经常发生超自然现象及违反物理定律的事件，面积约390万平方公里，它在科技发达的今天仍然是神秘莫测的海域。

神秘的南极“无雪干谷”

南极是人类最少涉足的大洲，在那里还有许多现象人们无法解释，“无雪干谷”就是其中最神秘的一个。

在南极洲麦克默多湾的东北部，有三个相连的谷地：维多利亚谷、赖特谷、地拉谷。这段谷地周围是被冰雪覆盖的山岭，但奇怪的是谷地中却异常干燥，既无冰雪，也少有降水，到处都是裸露的岩石和一堆堆海豹等海兽的骨骸，这里便是“无雪干谷”。走进这里的人都感到一种死亡气息，于是它又被称为“死亡之谷”。

当科学家探测至此，他们对于岩石边的兽骨百思不得其解。最近的海岸离这里也得有数十千米，而远一点的海岸则要有上百千米。习惯于在海岸旁边生活的海豹一般情况下不会离开海岸跑这么远，可这些海豹偏偏违背了通常的生活习性来到这里。那么，海豹为什么要远离海岸爬到“无雪干谷”呢？

一些科学家认为，这些海豹来到这里是因为在海岸上迷失了方向。在这个没有冰雪的无雪干谷地区，海豹因为缺少可以饮用的水，力气耗尽而没能爬出谷地，最后干渴而死，变成了一堆堆白骨。

由于存在着鲸类自杀的现象，还有一些科学家认为这些海豹跑到无雪干谷地区就像鲸类一样是自杀。可是并没有充足的理由证明这是海豹自杀，因而有些科学家认为，这些海豹可能是受到了什么惊吓，在什么东西的驱赶下才到了这里。那么海豹在过去的年代里到底是因惧怕什么而慌不择路呢？又是一种什么样的东西将它们驱赶到这里的呢？这真令人费解。除了神秘的兽骨，无雪干谷还有许多让人无法解释的景观。

新西兰在这个无雪干谷的腹地建立起一座考察站，并根据考察站的名字，把考察站旁边的一个湖取名为“范达湖”。日本的一些科学家在 1960 年实地考察了无雪干谷的范达湖，奇异的水温现象使他们感到惊讶，水温在三四米厚的冰层下是 0℃左右，水温在 15 米~16 米深的地方升到了 7.7℃，到了 40 米以下，水温竟然跟温带地区海水的温度相当，达到了 25℃。科学家们对范达湖这种深度越大水温越高的奇怪现象兴奋不已，纷纷来到这里进行考察。

日本、美国、英国、新西兰等国的考察队从各个角度对这一疑团加以解释，争论不休。其中有两种学说颇为盛行，一种是地热说，一种是太阳辐射说。

坚持地热说的科学家们提出这样的观点:罗斯海与范达湖相距 50 千米，在罗斯海附近有默尔本灿和埃里伯斯两座活火山。前者是一座正处于休眠期的活火山，后者至今仍在喷发。这表明这一带的岩浆活动剧烈，因此会产生很高的地热。在地热的作用下，范达湖就会产生水温上冷下热的现象，然而有很多证据却表明，在无雪干谷地区并没有任何地热活动。这一观点并不足以解释上述现象。

坚持太阳辐射说的专家们则认为，在长期的太阳照射下，范达湖积蓄了大量的辐射能。当夏天到来时，强烈的阳光透过冰层和湖水，把湖底、湖壁烘暖了。湖底层的咸水吸收、积蓄了大量剩余阳光中的辐射能，而湖面的冰层则是很好的隔离屏障，阻止了湖内热量的散

无雪干谷

发，产生一种温室效应。南极热水湖含有丰富的能有效蓄积太阳能的盐溶液，这就是范达湖的温度上冷下热的原因。但有许多人并不同意此种说法。他们认为：南极夏季日照时间虽长，但很少有晴天，因此地面能够吸收到太阳的辐射能很少，再说又有90%以上的辐射能被冰面反射。另外，暖水下沉后必然使整个水层的水温升高，而不可能仅仅使底层的水温升高。这样一来，太阳辐射说的理论似乎又站不住脚了。

美国学者威尔逊和日本学者鸟居铁经过多年的研究，提出了新的论点：虽然南极的夏季少晴天，致使地表只能吸收很少的太阳辐射，但是透明的冰层对太阳光有一定的透射率。这样，靠近表层的冰层会或多或少获得太阳辐射的能量。此外，冬季凛冽的大风会将这一地区的积雪层吹得很薄，而每到夏季，裸露的岩石又使地表能够吸收充足的热量。日积月累，湖水表层及冰层下的温度便有所上升，最后到了融化的程度。由于底层盐度较高，密度较大，底层不会上升，结果就使高温的特性保留下来。同时，在冬天时表层水有失热现象，底层水则由于上层水层的保护，失热较少，因而可以保持特别高的水温。据一些科学家的观测记录显示，此说法还是有一定说服力的。

在无雪干谷地区范达湖的秘密还没有被最后破解时，探索者们又发现了另一个无法解释的现象。从范达湖往西10千米的地方，有一个叫“汤潘湖”的小湖泊。这个小湖即使在-50℃的时候都不会结冰，真是太奇怪了。汤潘湖的直径约数百米，且湖深只有30厘米。汤潘湖的湖水盐度非常高，如果把一杯湖水泼到地上，很快就会在地面上析出一层薄薄的盐。科学家们对汤潘湖进行了仔细深入的探究，发现湖水就是到了-57℃的时候也不会结冰。这可真是一个名副其实的“不冻湖”。

汤潘湖的湖水为什么不会结冰呢？有人说湖水之所以不结冰，是由于湖里的盐分较高造成的。有人则分析说，汤潘湖在极低的温度下不结冰，除湖水中较高的盐度之外，可能还有另外一个原因，那就是周围的地热的作用。

无雪干谷、上冷下热的范达湖、常年不结冰的汤潘湖……这一个个难以解释的现象为南极披上了一层层神秘的面纱，吸引着各国探索者的目光，也仿佛在告诉人类，征服自然之路任重而道远，但却其乐无穷。

【片言碎语】 总面积达1400万平方千米的南极大陆，大部分被冰雪覆盖，从高空俯瞰，南极大陆是一个中部高四周低、形状极像锅盖的高原。这个被形象地称为冰盖的冰层，平均厚度为2000米，最厚的地方可达4800米。大陆的冰盖与周围海洋中的海冰在冬季连为一体，形成一个总面积超过非洲大陆的白色冰原，这时它的面积要超过3300万平方千米。

重见天日的古罗马庞贝城

在意大利半岛西南角坎佩尼地区有一座历史悠久的历史名城——庞贝城。它曾经是罗马富人寻欢作乐的胜地；它曾经是一座人口超过2.5万人的酒色之都；它也曾经是一座背山面海的避暑小城。然而在一夜之间，这一切都灰飞烟灭了。

公元79年8月24日这一天，维苏威火山突然醒过来了。突然之间，火山喷出的灼热岩浆遮天蔽日，四处飞溅；浓浓的黑烟，裹挟着滚烫的火山灰，铺天盖地地降落到庞贝城；令人窒息的硫磺味弥漫在空气中，弄得人头昏脑胀。很快，厚约5.6米的熔岩浆和火山灰就毫不犹豫地将庞贝城从地球上抹掉了。

1748年，一位当地的农民偶然发现了掩埋于地下1000多年的庞贝城。即使到今天，庞贝城也只有3/5被考古学家们发掘出来，仍有许多死难者、器具和建筑物被深深地掩埋在地下，尽管如此，富丽堂皇的庞贝城也使人们产生无限遐想。

庞贝城占地面积1.8平方千米，用石头砌建的城墙周长4.8千米，有塔楼14座，城门7个，蔚为壮观。纵横的4条石铺大街组成一个“井”字形，全城被分割成9区，每个城区又有很多大街小巷相通，金属车轮在大街上辗出了深深的车辙，历历在目，仿佛马车刚刚驶过一般。

在大街的十字路口都设有高近1米、长约2米的石头水槽，用来向市民供水。那么水槽里的水又是从哪里引来的呢？原来水槽与城里的水塔相通。水塔的水则是通过砖石砌成的渡槽从城外高山上引进来的，然后分流到各个十字路口的公共水槽中，这个系统也为贵族富商庭院的喷泉和鱼池供水。

庞贝城里还有3座大型剧场，其中最大的一座剧场位于城东南，建于公元前70年，可容纳观众2万人，也可以当作角斗场，当年人与人、人与兽的角斗就曾在这里举行。

这座大型剧场的东侧还有一座近似正方形的圆形体育场，边长约130米，场地三边用圆柱长廊围住，黄柱红瓦，金碧辉煌，场地正中是一个游泳池。这个体育场估计能容纳观众1万余名。城西南有一个长方形广场，是全城政治、经济和宗教中心，四周建有官署、法庭、神庙和市场。城市至少建有一座公共浴室，不但冷热浴、蒸汽浴样样俱备，还附有化妆室、按摩室，装修也十分到位，墙上还用石雕和壁画装饰着。

古罗马庞贝城

庞贝城遗址充分反映了古罗马社会的道德沦丧，一部分人沉溺于酒色，纸醉金迷，生活糜烂。庞贝城明显有两多：一是妓院多，二是酒馆多。不堪入目的春宫画画满了妓院的墙壁，各种淫荡的场画在墙壁上随处可见，城内酒店林立，店铺不是很大，酒垆与柜台都在门口，酒徒可以站在柜台外面喝酒，酒鬼们在一些酒店的墙壁上留下了信手涂鸦的歪诗邪文，至今依稀能够辨识出来。比起埋在地下20~30米深且被新城覆盖的赫库兰尼姆，庞贝城埋在地下平均深度为3.6米，较易发掘，但要运走那么多的泥石，也不是一件容易的事。目前，整个庞贝遗址就是一座博物馆，用外墙围成，不准任何人居住，更不准车辆入内，而在遗址外围，逐渐形成了一座几万人的游览城市。

一座死城就在科学家们的努力下重见天日。它反映了古罗马时代城邦居民的日常生活，是一座世界少有的天然历史博物馆。

【片言碎语】据记载，庞贝城是由奥斯坎斯部落兴建的，它是一座人口稠密、商旅云集的小城。公元前89年，庞贝城被罗马人占领，成为罗马帝国的属地。到公元79年为止，这里已经成为富人的乐园，贵族富商纷纷到此营建豪华别墅，尽情寻欢作乐。庞贝城人口超过2.5万，成为闻名遐迩的酒色之都。重要建筑围绕市政广场，有朱庇特神庙、阿波罗神庙、大会堂、浴场、商场等，还有剧场、体育馆、斗兽场、引水道等罗马市政建筑必备设施。作坊店铺众多，都按行业分街坊设置，连同大量居民住宅，构成研究罗马民用建筑的重要实物。富裕之家一般均有花园，主宅环绕中央天井布置厅堂居室，花园中有古典柱廊和大理石雕像，厅堂廊庑多施壁画，是古典壁画重要的遗存。这些壁画都有较高水平，它们被发现后，对欧洲的新古典主义艺术影响甚大。

令人惊奇的土耳其地下城市

这个世界上有许多神奇而又古老的地方，土耳其的卡帕多基亚就是其中之一。它位于土耳其的格尔里默谷地，有许多奇形怪状的石堡，这一地貌是由火山熔岩硬化后形成的。真正使卡帕多基亚闻名世界的是这里地下城市的发现。

迄今为止，人们在这一地区发现了大约 36 座地下城市。其中并不是所有的都像卡伊马克彻或代林库尤附近的地下城市那么大，但都称得上是城市。现在人们已经描绘出了这些城市的俯视图。熟悉这一地带的人认为，地下城市的数量肯定比这要多。现在所发现的地下城市相互间都相通，以一系列地道连接在一起。连接卡伊马克彻和代林库尤的地道，足有 10 千米长。

令人惊奇的是地下城市确确实实存在着，可谁是建造者呢？它们是什么时候建成的？用途又是什么？对此，人们众说纷纭。当然也有人举出具体的史实加以考证。史实之一是，据记载在基督教早期，这一新生宗教的信徒为了寻找避难之地来到了此地。最早的一批大约在公元 2 世纪或 3 世纪，以后一直延续到拜占庭时期，也就是阿拉伯军队攻打坚固的君士坦丁堡 (即今伊斯坦布尔) 的时候。然而考古学家发现他们并不是真正的建造者，因为在他们到来之前地下城市就已存在。

这一带的地基是由凝灰岩构成的，因为附近就是火山群。只要有黑曜岩，即火石，地基就十分容易被凿空，而火山在这一地区十分常见。就这样，也许花了不过一代人的时间，地基就被掏空了。地下城市大多是超过 13 层的立体建筑。在最低的一层，人们甚至发现了闪米特时代的器物。

问题是人们修建这些地下城市有什么用途？他们为什么要躲避在地下？一个最有可能的原因是由于对敌人的畏惧。谁会是敌人呢？

首先，假设地面上的敌人拥有军队，在地面上，他们肯定能看到耕种过的土地和没有人烟的房屋。而地下城市里建有厨房，炊烟将通过通气井冒出地面，很容易被敌人发觉。人们都知道要把呆在鼠洞般的地下城市里的人们饿死或者封闭通气通道憋死是一件轻而易举的事。所以，人们恐惧的不是地面上的敌人，而是能飞行的敌人。这个猜测是否有道理呢？

当然有。根据闪米特人在他们的圣书《科布拉·纳克斯特》中的记载，我们知道所罗门大帝曾经利用一种飞行器把这一地区搞得鸡犬不宁。不仅他本人，他的儿子，所有服从他的人，也都曾乘坐过飞行器。历史学家阿里·玛斯乌迪曾描述过所罗门的飞行器，并大致介绍了他的部族。当时的人类对于飞行器现象产生恐惧，这是很有可能的。也许他们曾被剥削、奴役过，所以每当报警的呼喊响起来的时候，人们就纷纷逃进地下城市。当然这种说法也仅仅是一种推测。人们至今仍不知道土耳其地下城市的真正用途，但神秘的地下城市却引起人们更多的关注。

【片言碎语】卡巴杜西亚是一个火山岩高原的总称，面积 4000 平方公里，在土耳其首都安卡拉东南 300 公里处。远古年代，卡巴杜西亚五座火山大喷发，熔岩淌流，堆成一片高原。岁月悠悠，风雨无情，刻蚀剥离，将高原切割成碎块。有的被溪河打穿，形成悬崖峡谷；有的蛀蚀出星星麻点，致使地面崎岖不平。最壮观的还是数百座金字塔形状的小山，高度几十到 100 米，排成密密匝匝的方阵，颇似月球上的丘陵。整片高原薄瘠荒凉，地上长不出树，地下挖不出矿，一向人烟稀少。

宏伟壮丽的“空中之城”

恐龙灭绝了，猛玛象消失了，它们留下了化石；印加人搬家了，他们留下一座空城——马丘比丘。

为寻找传说中“消失了的城市”，美国探险家海瑞姆·宾汉姆及其探险队于 1911 年 6 月 24 日来到了波涛汹涌的圣河——乌鲁班巴河峡谷，在云雾缭绕的山顶上，他们发现了已经被废弃了近一个世纪却依然雄伟壮丽的“空中之城”——马丘比丘这座神秘的古城。

古城位于印加帝国首都库斯科以北 118 千米处，名字取自它所在的山峰，字面意思是“老山峰”。它三面临河，一面靠着白雪皑皑的萨而坎太山，地势极为险要。城中建筑极具宗教色彩，凡是磨制光滑、对缝严整的建筑均为神庙，且都配备三扇窗，缝与缝之间没有任何黏合物粘接，连最锋利的刀片也插不进去。墙上的每一块石头都像是在玩拼图一样被巧妙地连接起来，与其它的印加遗址的风格大相径庭。

“神圣广场”位于城市中央，一座巨大的日晷矗立在那儿，马丘比丘人通过它来测定时间。在古城的一端还有著名的太阳神庙和“拴日石”，印加人希望用拴日石永远留住他们心中至高无上的神——太阳——万物生命和希望的起源。

勤劳的马丘比丘人还在城堡对面的山峰上筑出一层层梯田，并在每一层开凿了引水渠，引来雪水浇灌农田，祈望获得丰收。

拥有如此美丽而逍遥的空中之城，马丘比丘人却弃之而去，没有

宏伟壮丽的空中之城

任何留恋，没有任何说明，到底是什么原因呢？很多人认为是因为西班牙征服者的原因，可是，根据历史记载，当年侵略者的铁蹄并未能够踏向这里，并且，考古学家在研究中发现，早在1533年，西班牙人征服印加帝国之前，马丘比丘人就已经离开了这座美丽的“空中之城”！即使真的是因为西班牙人的入侵，想想印加帝国的雄厚实力，拥有万骑精锐的印加人，居然不敢和100多人的西班牙入侵者做殊死的战斗？恐怕说不过去。

天灾？部落战争？奴隶反抗？种种怀疑都没有任何痕迹能够说明。今天的考古学家在绵延的安第斯山脉中，陆续发掘到印加帝国的许多遗迹，证明印加人确实是抛弃了他们美丽的家园，在荒芜的山地中再建他们理想的国度。

印加人为什么要在如此之高的地方建这样的一座城市？他们为什么又弃之而去？这种种谜团还有待人们解开。

【片言碎语】 独特的位置、地理特点和发现时间较晚，使马丘比丘成了印加帝国最为人所熟悉的标志。1983年，马丘比丘被联合国教科文组织定为世界遗产，是世界上为数不多的文化与自然双重遗产之一。

富丽堂皇的克里特岛山的迷宫

在中国古代，认真思考生死问题的人们把人的身体称为“逆旅”，意思是身体只是灵魂在尘世间暂时歇脚的一个寓所。生和死，住所和寝陵，真的是没有什么分别吗？

4000年前，地中海克里特岛山上居住着迈诺斯人，他们创造了比希腊还早的物质文明，而且成为一个光辉灿烂的文化中心。

3000多年来，世人对迈诺斯文明的了解，除了那个广为流传、有关克里特岛国王迈诺斯及其半人半牛、藏身黑暗地下迷宫的贪婪怪物弥诺陶洛斯的神话以外，几乎是一无所知了。然而，英国考古学家艾文斯爵士在20世纪初叶，把迈诺斯首都诺瑟斯的遗址发掘了出来。这次发掘的工程相当浩大，耸人听闻。诺瑟斯城自身就很大，加上所属港口，一共有近10万居民。但这座庞大建筑物是艾文斯最轰动一时的发现，他同大多数考古学家一样认为那座建筑物是王宫，属多层建筑结构，其中有好几层筑在地下。其建造之奇、藏品之丰，为世人所惊叹。王宫中有以海洋生物、雄壮公牛、舞蹈女郎和杂技演员为题材的色彩鲜明的壁画。另外，还有许多石地窖；有斧头的残片、铜斧乐器；以及一个以小片釉陶和象牙包金加镶水晶造的近1平方米的棋盘。细加琢磨的雪花石膏在看似国王的宝座上、在接待室的铺路石板上、在那些显出典型迈诺斯建筑风格的上粗下细的柱子上、在门道附近闪闪发光。

那么，这座富丽堂皇、结构复杂的巨大建筑真的是一座王宫吗？虽然历史学家和考古学家一般都同意这种说法，但德国学者沃德利克则不赞同，而且其说法好像有所依据。在1972年出版的一本书中沃

克里特岛山迷宫

德利克说："诺瑟斯这座宏伟建筑，绝对不是国王生时居所，而是贵族的坟墓或王陵。"依据沃德利克的说法，被大多数考古学家所认为的是用作储藏油、食物或酒的大陶瓮，其实是用来盛放尸体的。尸体被放在里面后，加入蜜糖浸泡以达到防腐的目的；石地窖则被用来永久安放尸体;壁画代表的是灵魂转入来生，并且把死者在幽冥世界所需物品画出来。沃德利克还认为那些精密复杂的管道，不是为活人设置的，而是为了防腐措施的需要。

为了支持自己的说法，沃德利克提出几项很有意思的事实，比如说诺瑟斯这座建筑物的位置，绝对不是建筑王宫的绝佳位置，因为它所处的地方过于开敞，四面受敌，如若有人从陆上进攻即无从防卫。同时当地没有泉水，必须用水管引水，水量很难供应那么多居民。"王宫"及附近范围内也无一望即知是马厩和厨房之类的房屋，这里的居民难道不需要交通工具和食物？至于那些被认为是御用寝室的房间，更都是些无窗、潮湿的地下房舍，在气候和暖、风和日丽的地中海地区，绝不可能选择这样的地方来居住。

人们对迷宫究竟是王宫还是陵墓尚无定论，这也成为学者探索光辉灿烂的迈诺斯文明的动力。

【片言碎语】克里特岛是希腊古老文化中心、地中海著名旅游地。岛上有山地和深谷，风景优美多姿，还有断崖、石质岬角及沙滩构成的海岸。这里属地中海式气候，风和日丽，植物常青，岛上种有橄榄、葡萄、柑橘等，鲜花遍地盛开。岛四周是万顷碧波，因而有“海上花园”之称。

卓越的古迹——太阳门

蒂瓦纳科文化的杰出代表作——太阳门，是美洲古代最著名、最卓越的古迹之一，它耸立在安第斯高原上。

太阳门高 3.048 米，宽 3.962 米，由重达百吨以上的整块巨型中长石雕镌成，中央凿一门洞。据说每当 9 月 21 日黎明时，第一缕曙光总是准确无误地从门中央射入。门楣正中间刻制着一个人形浅浮雕。从这个人形神像的头部会放射出许多道光线，他的双手各持着护杖，在他两旁平列着 3 排 48 个相对较小的、生动逼真的神象。3 排中的上下两排是带有翅膀的勇士，他们面对神像；中间一排是人格化的飞禽。这块巨石在发现时已残碎不堪，1908 年经过一番整修，恢复了其旧观，放在今天人们看到的基地上。

在古代美洲居民还没有制造出带有轮子的运输工具，也没有使用驮重牲畜的情况下，到底是什么人，在什么时候，又是为什么在这云岚缭绕、峭拔高峻的安第斯高原上建造了这座雄伟壮观的太阳门呢？

美国考古学家温德尔·贝内特用层积发掘法证明蒂瓦纳科文化的最早年代是在公元 300~700 年，而太阳门和其它一些建筑应是在 1000 年前正式建成的。

蒂瓦纳科考古研究中心主任、玻利维亚考古学家卡洛斯·庞塞·桑西内斯和阿根廷考古学家伊瓦拉·格拉索用放射性碳鉴定，蒂瓦纳科建筑应该是开始于公元前 300 年，而建成美洲这一灿烂辉煌的文明大约是在公元 8 世纪以前，一般看法认为在公元 5~6 世纪。建筑者可能是居住在安第斯山区的科拉人，他们认为蒂瓦纳科曾是一个举行宗教仪式的中心场所。太阳门极有可能是阿加巴那金字塔塔顶上庙堂的一部分。

美国历史学家艾·巴·托马斯也同意遗址是科拉人建立的这一理论，但他说那里是一个大商业中心，或文化中心。阶梯通向的地方是中央市场，石门框上的那个人形浅浮雕是雨神，辐射状的线条是雨水，两旁的小型刻像象征着他们朝着雨神走去，以承认他的权威。

更有甚者，说蒂瓦纳科是外星人在某一时期建造在地球上的一座城市，太阳门是外空之门。

总之，对太阳门众说纷纭，莫衷一是。但我们相信，随着考古资料的不断发掘和科学技术的进步，太阳门的秘密总有一天会被揭开。

【片言碎语】凡是看到过“太阳门”的人，无不为它的宏伟壮观惊叹不已。更耐人寻味的是，“太阳门”不仅是个庞然大物，而且它上面还雕刻着极其精美的图案。在“太阳门”的石门楣中央，刻着一个谜一般的人像，据说是代表造物主维拉科查。人像双手持着鹰头装饰的节杖，每只手只有四个手指。其两旁平行排行着三排共 48 个较小的神像。其中上下两排刻有长翅膀的勇士，中间那排则刻着某种人格化了的飞禽，此外，还有众多至今仍难了解其含义的符号。

非洲原始岩画

非洲原始岩画是谁画的？从18世纪起，人们在非洲这块古老大陆的山地、悬崖峭壁上发现了许许多多史前原始岩画。这些岩画虽然十分粗糙，但形象个个栩栩如生。它虽不如欧洲岩画产生得那样早，但要比大洋洲的远为古老，而且它不像欧洲岩画只集中在法国、西班牙，而是分布极为广泛。更引人注意的是它数量多，流传广，仅撒哈拉地区就有3万个岩画遗址被发现，半数在塔西里，时间上跨越了上万年。

最早发现非洲岩画是在1672年，要比欧洲岩画早发现150年。当时委内瑞拉一个葡萄牙人旅游团到莫桑比克旅游观光，一个偶然的机会，旅游团成员在岩壁上发现了第一幅画着动物的岩画，当即他们就向里斯本皇家美术学院作了报告。

1752年，由E.A.弗雷德里克率领的非洲探险队在非洲东海岸鱼河两岸又发现了好几幅岩画。1790~1791年由格罗夫纳率领的远征队在非洲土地上发现了更多的岩画。令人惊喜的是，人们以后又在阿尔及利亚东部找到了一座巨大的颜料库，它位于撒哈拉沙漠中长800公里、宽50~60公里的恩阿哲尔山脉中那里蕴藏着丰富的红砂土矿藏，就是岩画的主要颜料。在这片广阔的山区，1956年，一个法国探险队竟发现了1万多幅作品。根据这些岩画所反映的内容，科学家们推断在撒哈拉地区变成沙漠以前，这里曾生息过旧石器和新石器时代的人们，他们以猎取大型水栖动物为谋生手段，也放牧羊群。

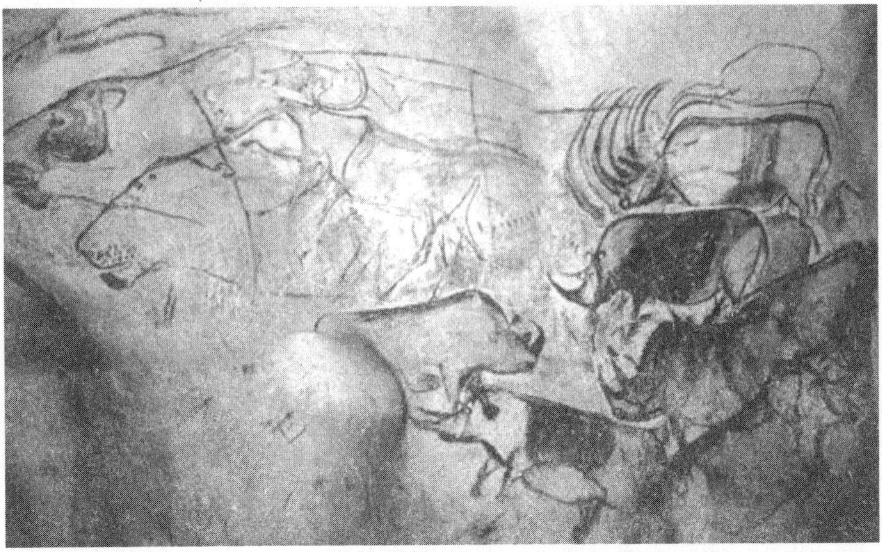

非洲原始岩画

大量考古资料证实，非洲在公元前8000年至前2000年是地质学上寒武纪的潮湿期。那时撒哈拉地区还是一片布满热带植物，适于狩猎的草原，这正是产生狩猎艺术的重要土壤。那么这些原始岩画究竟出自谁人之手呢?

世界考古学界围绕这一问题主要分成两大派。一派认为岩画是非洲本土产物，它自成体系，不超越非洲边界。这一派中绝大多数认为是当地土著布须曼人创作的。撒哈拉地区是布须曼人文化中心，非洲岩画就发生在这个中心地区，然后向四周传播，北至塔西里，南至非洲中部、南部，东至埃及。

不少专家指出，岩画中表现的非洲土著居民臀部高耸的形象正是非洲一些部族人的特征，这是欧洲史前岩画中不可能有的。至于非洲岩画与欧洲岩画有相同之处，因为狩猎艺术遍于整个地球，生活方式的一致性给狩猎艺术题材甚至表现方法带来某些相似性。

而另一派主要是欧洲学者，他们坚持认为非洲史前岩画是外来文化传播的产物，有的干脆说是欧洲史前岩画的复制品。他们认为在公元前 5 万年左右，首批欧洲移民尼安德特人来到非洲，4000 年后克罗马侬人大批移居非洲，正是作为欧洲史前岩画创作者的他们，把岩画带到非洲。此外他们还以在非洲北部发现欧洲旧石器时代的克罗马侬人和卡普新石器时代的人种类型以及布须曼人丝毫不懂透视法为依据，否定岩画是非洲本土产物。但是这一观点缺乏足够的证据，虽然西班牙东部、北非、撒哈拉、埃及等地区岩画确有相似之处，一些考古学家也因此推想在远古年代的艺术家，是从地中海漂泊到好望角去的，当他们漫游到当时还是绿色而富饶的撒哈拉及东非大平原时，找到了理想的狩猎区，然后到达山区高原时就停止前进了，于是在那里创作了许多最早的非洲岩画。然而这些只是他们未经证实的主观猜测和臆想。

至于说布须曼人不懂透视法，这不能证明岩画就不是他们的作品。因为已灭绝的布须曼画家也可能具有后来的布须曼人所没有的岩画知识和技巧。这种知识和技巧是秘密传授的，只有极少数人才能掌握，所以后来的布须曼人看不懂前人所画的岩画并不奇怪。何况因不少岩画日久天长已模湖不清，后来者也难以辨认了。

【片言碎语】无论如何，非洲岩画的发现无疑对研究世界原始文化有着重要意义，它使我们能以此了解、考察非洲原始部族的审美意识的起源以及原始艺术的特征，更能从岩画中了解当时非洲原始部族的生活和社会形态。非洲岩画创作者之谜也终究会水落石出的。

令人迷惑的无底洞

地球上是否真的存在“无底洞”？按说地球是圆的，由地壳、地幔和地核三层组成，真正的“无底洞”是不应存在的，我们所看到的各种山洞、裂口、裂缝，甚至火山口也都只是地壳浅部的一种现象。

然而，事实上地球上确实有这样一个“无底洞”。它位于希腊亚各斯古城的海滨。由于濒临大海，在涨潮时，汹涌的海水便会排山倒海般地涌入洞中，形成一股股息流。据测，每天流入洞内的海水量达3000多吨。奇怪的是，如此大量的海水灌入洞中，却从来没有把洞灌满。曾有人怀疑，这个“无底洞”，会不会就像石灰岩地区的漏斗、竖井，落水洞一类的地形。20世纪30年代以来，人们就做了多种努力企图寻找它的出口，却都是枉费心机。为了揭开秘密，1959年美国地理学会派出一支考察队，他们把一种经久不变的深色染料溶

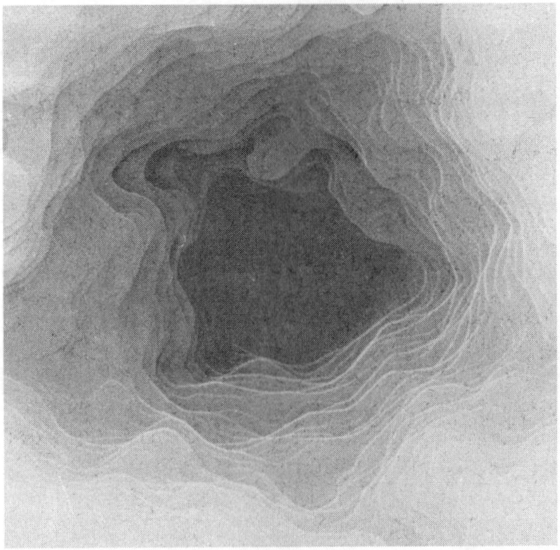

无底洞

解在海水中，观察染料是如何随着海水一起沉下去的。接着又察看了附近海面以及岛屿上的各条河、湖，满怀希望地去寻找这种带颜色的水，结果令人失望——难道是海水量太大，把有色水稀释得太淡，以致无法发现？

几年后他们又进行了新的试验，他们制造了一种浅玫瑰色的塑料小粒。这是一种比水略轻、能浮在水中不沉底，又不会被水溶解的塑料粒子。他们把1300公斤重的这种肩负特殊使命的物质，统统掷入到打旋的海水中，片刻工夫，所有的小塑料粒就像一个整体，全部被无底洞吞没。他们设想，只要有一粒在另外的地方冒出来，就可以找到“无底洞”的出口了。然而发动了数以百计的人，在各地水域整整搜寻了一年多，他们仍一无所获。

【片言碎语】至今谁也不知道为什么这里的海水会没完没了地“漏”下去，这个“无底洞”的出口在哪里？每天大量的海水究竟都流到哪里去了？

“矮人国”之谜

尼罗河流域四季雨量充沛，气候凉爽，原始森林中茂密的树叶，遮天蔽日，而地面却是一片泥泞，就在这丛林莽原中，有一个“矮人国”。

这是一个矮人游牧部落，整个部落的男男女女竟没有一个身高超过1.4米。这个部落生活在这样一个经常见不到阳光的环境里，而且这里的毒蛇猛兽随时出现。他们的首领已经48岁了，是这里的高寿者。通过交谈，才明白这里矮人平均寿命只有40岁左右。

他们的生活习性与其它地方的人不同，他们住在矮矮的屋子里，在进门时，不能猫着腰走那扇本已很矮的门进去，而是从旁边用柴草隐蔽着的一个洞钻进去，如果使劲拉开那扇只有半人高的正门，只听得“隆”的一声，就会掉进一个黑漆漆的窟窿。这是矮人们为抵御强大的外族人入侵所设的陷阱，陷阱里专门饲养有毒蛇，而且这种毒蛇的毒性很强，一般来讲，跌入陷阱的人很快就会成为毒蛇的佳肴。矮人族的饭食很简单，是一些山芋和野果，以及一些像是煮了点山羊肉渣的野菜汤。采集野果是这些矮人的专长，他们善于在树枝上攀援跳跃，如同山中灵巧的猴子。

通过和这群矮人短暂的接触，人们渐渐了解了他们的某些生活习性和风俗，特别是这些矮人的婚俗令众人忍俊不禁。这些矮人生性孤僻，一般不愿与外界接触，由于他们的寿命很短，他们的生活轨迹也与众不同。这些“矮人国”里的男女青年大多在13岁左右就进入通婚期，他们在求偶时表现出非常特别的举动，都不采用投寄情书，倾吐衷肠的方式，也无需请他人做“红娘”，而是在夜晚，人们围着火把狂舞，在狂舞时通过射箭来求得配偶。

例如小伙子爱上某个姑娘，须按传统习惯，孑然一身进深山老林猎取野兽一只，取其硬骨，精心雕刻成纤细的骨箭一支，并饰以绿草与艳丽的鲜花，骨箭长7厘米，因为在“矮人国”人的心目中，“七”乃幸福的象征，是能给人们带来成功，庇佑人们万事如意的数字。然后，小伙子携带弓箭，藏匿静僻之处，一旦在狂舞中发现意中人出现，便瞄准她的背部张弓放矢。若骨箭折断，则婚事无望，即使小伙子百般求情也徒劳无益。若“爱情之箭”完好无缺，直刺皮肉，则婚事告成，即使姑娘一时拒绝也无济于事。之后要违抗这种约定俗成的婚姻风尚，势必招惹众人严厉的谴责。据说，骨箭的箭头是浸透过一种专门配制的药草汁液，故被其射伤的肤肌并无痛感，也不会感染溃烂。

“矮人国”的矮人还有一个生理特点，就是从儿童到成人发育长高的过程很短，一般都赤身裸体，只有大人才在肚脐眼下几厘米的地方系上一条很短的围裙，或者缀有一块遮羞布。成年男子们长有稀少的几根胡须，他们的体型跟其它非洲黑人种族大体相似，只是这些矮种人身材过于矮小，高高的额头，深凹的眼眶，两片嘴唇显得特别厚而已微微撅起。他们大都举止稳重矜持，神情呆板严肃，只有那些年轻的矮人脸上才偶尔露出一丝笑意。

【片言碎语】矮人国指的是俾格米人，他们被称为非洲的“袖珍民族”，成年人身高 1.30~1.40 米。他们体力过人，自食其力，自称是“森林的儿子”。人类学家研究证实，俾格米人是史前桑加文化的继承人，是居住在非洲中部最原始的民族。他们不是长得畸形，是特殊的人种。

冷热颠倒的地方

绕行于太阳的地球，以它固有的运行规律决定了一年一度的春夏秋冬如期而至。每当数九寒冬和酷热的盛夏来临之际，爱幻想的人们是多么渴望能有一个冬暖夏凉的季节。

真是天公作美，遂人心愿，世上竟有一部分幸运的人居住在冬暖夏凉的“地方”，这“地方”就是辽宁省东部山区桓仁县境内被人们叹为观止的“地温异常带”，在这块土地上，随着夏天的到来，地下温度便逐渐开始下降。当气温高达 30℃的盛夏时，在这里地下一米深处，温度竟至零下 12℃，达到滴水成冰的程度。特别是船营沟任洪福家房后的一道长约 1000 米、宽约 20 米的小山岗，则更为明显。

1995 年的一个夏天，任洪福的父亲任万顺，在堆砌房北头的护坡时，发现从扒开表土的岩石的空隙里，冒出了刺骨的寒气。老汉感到很是惊讶。于是就在这里用石块垒成了长宽不足 2 尺、深达 2 尺半的小洞。夏季里，这个小洞就变成了一个天然的冰箱，散发出阵阵寒气，这时人站在距洞口六七米远时，就会被这寒气冻得难以忍受；他们将鸡蛋放在洞口，鸡蛋都被冰破了皮；将一杯糖水放入洞内，很快就被冻成冰块。入秋后，这里的气温开始节节上升，到了朔风凛冽、隆冬降临时，这“地温异常带”上却是热气腾腾，这时在地下一米深处的温度可达 17℃，任洪福家的“天然大冰箱”这时又变成了“保温箱”。人们在任家山后的山岗上看到，虽然大地已经封冻，但种在这里的角瓜，却是蔓壮叶肥，周围的小草也是绿茵茵的。任家在这里平整了一小块地，上面盖上塑料棚，在这棚里种上大葱、大蒜，大葱长得翠绿。人们经过测定发现在这棚内气温可保持 17℃，地温保持 15℃。在这小岗上整个冬春始终存不住雪。任洪福老汉充分利用了这一条件，在这道土岗的护坡前盖了三间房子，利用洞口的冷气制成了小冷库。为乡亲和沙尖子镇饭店、医院、酒厂、兽医站等单位储存鱼、肉、疫苗等物品，其冷冻效果十分理想。

无独有偶，在河南林县石板岩乡西北部的太行山半腰，有一个海拔 1500 米叫“冰冰背”的地方，也是个冬热夏凉的地方，在这里阳春三月开始结冰，冰期长达 5 个月，寒冬腊月，热汽如蒸，从乱石下溢出的泉水，温暖宜人，小溪两岸奇花异草，嫩绿鲜艳。

人们知道，自然界的冷暖取决于太阳的光热，随着地球的自转，当它与太阳的距离缩短时，太阳辐射带给地球的热能就增加，使地球变暖、变热。反之，地球就变凉、变冷。由此形成了地球的一年四季、春夏秋冬。而这奇异的土地却打破了这一自然规律，出现了超自然的现象，它的冷热不随外界变化而变化，而有其自身的变化规律。那么，当外界变暖时它的地下为什么会是那么寒冷？外界变冷时，它又是从哪里获得的热源呢？

这奇异的现象，引起了许多科研人员的注意。他们有的认为，在这种冷热反常的地带，它的地下可能有庞大的储气构造和特殊的保温层，大气对流于这特殊的地质构造之中，才导致了这一奇异现象。另有些人认为，这里的地下有寒热两条储气带同时释放气流，遇寒则热气显、遇热则冷气显。还有人则认为，这个地下庞大储气带的上面有一特殊的阀门，冬春自动开闭，从而导致这种现象的发生，这种种分析只是推论而已，究竟这地温异常带是如何形成的？这里的地质结构有什么与众不同？还有待于科学工作者经过进一步考证，才可能解开这一带“冷热颠倒”之谜。

【片言碎语】辽宁省东部山区桓仁县境内被人们称为“地温异常带”的地方。这条“地温异常带”一头开始于浑江左岸满族镇政府驻地南 1.5 千米处的船营沟里，另一端结束于浑江右岸宽甸县境内的牛蹄山麓。整个“地温异常带”长约 15 千米，面积约 10.6 万平方米。

泰姬陵的故事

泰姬陵是世界奇迹之一。它展现了世界高超的建筑设计水平，体现了最佳的建筑艺术和风格。关于泰姬陵有什么样的故事流传呢？

据说沙·贾汗的宠妃阿姬曼·芭奴是一位具有波斯血统的绝世美女，性情温柔，擅诗琴书画。她 21 岁时与当时为贾汗吉尔国王的三王子库拉姆结婚。她婚后与库泰姬玛哈陵拉姆同甘共苦，行影相随，足迹遍布疆场。1628 年，库拉姆经过一场血战继承王位，给自己取名沙·贾汗，意为世界之王。宠妃阿姬曼·芭奴也因此得到宫中最高头衔——泰姬·马哈尔。但是好景不长，1631 年，阿姬曼·芭奴在跟随沙·贾汗南征时，因难产而死。当时年仅 39 岁。在她婚后 18 年里，共为沙·贾汗生下 14 个子女。存活的只有 4 男 3 女。阿姬曼·芭奴之死，令沙·贾汗伤心欲绝，他决定为宠妃建造一座全世界最美丽的陵墓，以表达他对宠妃的思念之情。同时，下令宫廷为她致哀两年，禁止一切娱乐活动。

1633 年，泰姬陵在沙·贾汗选中的印度北部亚穆纳河转弯处的大花园内开始动工兴建。此处位于亚穆纳河下游，十分空旷，沙·贾汗可以从河上游的阿格拉城堡上远远地望见。建筑学和珠宝最受沙·贾汗喜爱，因此，他选用大理石建造泰姬陵，并以十分精巧的手艺在大理石上镶嵌无数宝石作装饰。本国以及波斯、土耳其、巴格达的建筑师、镶嵌师、书法师、雕刻师、泥瓦工共计两万多人参与了泰姬陵的

泰姬陵

建设。此工程选用了本国的大理石，中国的宝石、水晶和玉、绿宝石，巴格达和也门的玛瑙，斯里兰卡的宝石，阿拉伯的珊瑚等。

1650 年，泰姬陵建成。时至今日，已经三百多年了，但它的辉煌和气派未减。来到泰姬陵，一座高 30 米、用红沙岩落成、顶部有座八角亭的十分气派的拱门展现在眼前，其大理石结构十分突出，上面镶嵌有美丽的花朵，配以优美的书法。

沙·贾汗煞费苦心不惜一切代价地为宠妃建造了如此宏伟、富丽堂皇的陵墓，说明他当时对宠妃的爱有多么深。沙·贾汗在泰姬陵建成不久便被儿子废除了王位，被囚禁在阿格拉城堡，晚年靠每天远望泰姬陵度日，直至伤心忧郁而死。他死后，与宠妃一起被葬在泰姬陵。泰姬陵是一座伟大的爱情纪念碑，它是一代君王爱情的见证，向世人讲述着他们的爱情故事。

【片言碎语】泰姬陵，全称为“泰姬·玛哈尔陵”。莫卧儿帝国著名建筑。在今印度距新德里200多公里外的北方邦的阿格拉（Agra）城内，亚穆纳河右侧。莫卧儿帝国国王沙·贾汗为他死去的皇妃泰姬修建的陵墓。公元1630年始建，1653年建成。它由殿堂、钟楼、尖塔、水池等构成，全部用纯白色大理石建筑，用玻璃、玛瑙镶嵌，绚丽夺目。有极高的艺术价值。

能“报时”的澳大利亚怪石

岩石能报时？听起来近乎天方夜谭，但在澳大利亚中部阿利斯西南的茫茫沙漠中，确实有一块能“报时”的奇石——艾尔斯巨石。

屹立在沙漠中的这块怪石高达348米，周长约8000米，仅其露在地面上的部分就可能有几亿吨重。这块怪石通过每天很有规律地改变颜色来告诉人们时间的流逝：早晨，旭日东升，阳光普照的时候，它为棕色；中午，烈日当空的时候，它为灰蓝色；傍晚，夕阳西沉的时候，它为红色。它是当地居民的“标准时钟”，当地居民根据它一日三次的颜色变化来安排农事以及日常生活。

怪石除了随太阳光强度不同而改变颜色外，还会随着太阳光照射角度的变化而变幻形象：时而像一条巨大的、悠然漫游于大海之中的鲨鱼的背鳍；时而像一艘半浮在海面上乌黑发亮的潜艇；时而像一位穿着青衣、斜卧在洁白软床上的巨人……

怪石为何具有“报时”的功能？为了解释怪石“报时”的现象，许多考古学家和地质学家对怪石所处的气候条件、地理环境进行了详细考察，并对怪石的结构成分等进行了深入的研究。一些科学家试图这样解释怪石产生的“怪现象”：怪石之所以会变色是由于怪石处在平坦的沙漠，天空终日无云，空气稀薄，而怪石的表面比较光滑，在这种情况下，怪石表面有镜子的作用，能较强反射太阳光，因而从清晨到傍晚天空中颜色的变化能相应地在怪石上得到呈现。

怪石变幻其形象则是由于太阳光在不同的气候条件下活动而产生反射、折射的数量及角度的不同，这种变化反映到人眼，即成为怪石幻形。

科学家对怪石“报时”的说法虽不能完全解释怪石现象产生的原因，但也为世人稍微解开了一丝谜团。

【片言碎语】艾尔斯巨石个头十分惊人，从土著给它所起的名字就能看出一二，“乌卢鲁”在阿南格族土著语中是“庇难及和平的地方”，或是“土地之母”的意思，可见它在土著人心目中的地位。

珊瑚石城堡之谜

美国佛罗里达州有一座奇特的珊瑚石城堡。这座迷宫般的珊瑚石城堡，浩大空旷，怪石矗立……厅堂、喷泉、石雕精巧玲珑，千姿百态，使人仿佛置于扑朔迷离的仙境。

城堡的主人李特斯奈克是个充满传奇色彩的人物。1887 年他出生于俄罗斯，青年时与少女安娜·萨哥弗茨邂逅，为姑娘的天生丽质所倾倒，不久，他们就坠入情网。可是在新婚前夜，薄情寡义的新娘突然离弃了他，投入另一个情人的怀抱。这突然的打击，使李特斯奈克痛不欲生。他黯然离家出走，经加拿大到美国，最后在美国佛罗里达州定居。他虽身在异国，心中仍痴情地怀念失去的恋人。

从 20 世纪 20 年代起，他在住所附近岩床上凿下一块一块巨大的珊瑚石，用它来建造一座城堡，奉献给心爱的人，寄托自己的眷恋之情。经过 20 年的艰苦努力，一座露天珊瑚石城堡终于屹立起来了：一座石碑腾空竖立，上面镌刻着火星、土星，石雕精巧玲珑。一张硕大的石桌凿着佛罗里达州的图形，桌面在欧伊克米湖的位置上，荡漾着一泓清水。在一张心形石桌中间栽培着当地最名贵的花卉，旁边小石桌上，一棵小棕榈树生机盎然，周围还摆了几张小石椅。

李特斯奈克还是一位杰出的天文学家。他用珊瑚石制成了两件天象仪。日晷仪可在一年之内的任何时候显示时间，其误差不超过 5 分钟。还有用珊瑚石制成的一座北极星望远镜，前面一块石上钻了一个直径 25 毫米的小孔，其高度与人立地观测平齐。在它的后面是 7.5 米

珊瑚石城堡

高的石柱，顶端钻 大孔。在晴朗的夜空通过小孔就可以观测到石柱上空的北极星。一扇重达 9 吨的石门，像是《天方夜谭》中用咒语驱动、藏有财宝的洞穴石门，只要小孩轻轻一推，这扇玄妙莫测的巨石门便会缓缓开启。前去参观的物理学家、建筑学家都不解其中奥秘。

成千上万的参观者在赞叹这座神奇的城堡之余，无不产生疑窦。在漫长的 20 年里，邻里都公认是李特斯奈克独自在夜晚建造这座瑰丽奇伟的“迷宫”。如此巨大浩繁的建筑工程，只凭他一人完成，的确难以想象。人们提出质疑：没有先进的现代化起重设备，他能单枪匹马、赤手空拳吊起一块重达 9 吨的石头？有人推论，李特斯奈克可能通过天象仪来观测天外来客的行踪，外星人很可能在城堡里着陆过，他得到外星人的帮助，或利用反重力才移动那些巨大的石块。还有人猜想，李特斯奈克掌握了已湮灭于世的远古建筑技艺，才能完成这巨大的艺术城堡。这座迷宫般的珊瑚石城堡给人们留下很多不解之谜。

据报道，珊瑚城堡始建于 1920 年，最初建在佛罗里达的一个小镇上，后来整个城堡被搬移到了迈阿密市南部现在的位置上，它花了李斯特奈克20多年的时间才建成。用以建造这座城堡的珊瑚礁石几乎全都是5吨以上的巨石，其中一块更是重达58吨，其总石量竟重达1100多吨！

令人惊奇的是，李斯特奈克并不是彪形大汉，他只是一个身高5英尺、体重不足100磅的瘦小男子。而他所使用的全是一些最破旧、最原始的工具，包括一些木头架子。李斯特奈克只在太阳落山后才开始他的建造工程，并拒绝任何人进入他的园子来看他如何工作、处理和切割那些巨大的珊瑚礁石。

更令人称奇的是，1936年，李斯特奈克听说有人计划在他的珊瑚城堡附近建一个相似的建筑，于是他决定将整个城堡搬迁到10英里外迈阿密南部的霍姆斯泰德镇，因为他是个极度不愿被打扰的人。搬迁工作花了整整3年，李斯特奈克是怎样将这些巨石搬运到10英里外的地方的，对许多人来说同样是个谜。许多人都曾看到一辆卡车装着巨石在迪克西大道上缓慢行驶，但却没有任何人看到这些巨石是如何被装上卡车的。当有人向他询问这个问题时，李斯特奈克只是简单地称他懂得重力的法则，并能很好地使用杠杆原理。

1940年，李斯特奈克在新地点开始重新恢复“珊瑚城堡”。堡中藏着惊人的奇迹，珊瑚城堡内有众多令人叹为观止的奇迹：他的作品还包括一个重达千磅的珊瑚摇椅，这个椅子可以用一根手指头来摇动;一个5000磅的心型珊瑚石桌，这颗珊瑚心被人们认为是世界上最大的情人心。重达9吨的大门是由一块独石所建成，这扇大门的支点非常巧，人们可以用一根手指轻轻将它推开。

珊瑚城堡内还有一个小型天文台，那是一个重达58吨的珊瑚“天文望远镜”，它足有25英尺高，是由一整块珊瑚石雕刻而成的。“望远镜”孔穴完美地指向北极星。李斯特奈克还在城堡内建立了一个珊瑚日晷，它的误差只在2分钟之内。

据报道，李斯特奈克死于1951年，当时他感到自己生了病，于是他在城堡的门上贴了一张纸条:“我去医院了。”接着他乘着一辆车来到迈阿密杰克逊纪念医院，3 天后，64 岁的李斯特奈克就死于睡梦之中。

【片言碎语】李斯特奈克珊瑚城堡的建筑技术令当时的许多工程师和科学家们都叹为观止，一些人甚至认为李斯特奈克建造珊瑚城堡的方法可能也正是埃及建造金字塔和古人建造巨石阵的方法。一些美国研究人员推测李斯特奈克可能发现了漂浮的秘密，此外还有一些研究人员猜测李斯特奈克可能利用了地球看不见的磁力能量。

让人自焚的死亡岛之谜

在加拿大北部地区的帕尔斯奇湖北边，有一个面积仅 1 平方公里的圆形小岛，当地人称这一小巧玲珑的岛屿为“普罗米修斯的火炬”，简称“火炬岛”。据说，这一名称源于一个古老的传说：当年，把火种带给人类的普罗米修斯准备返回天宫的时候，顺手将已经没用了的火炬扔进了北冰洋，然而有火焰的一端并没有沉下去，而是露在水面继续燃烧，天长日久，便形成了一个小岛。经过风吹雨打，小岛上的火渐渐熄灭了。但是，即使过了许多年，它依旧有一种神奇的力量，这就是人一旦踏上小岛，就会如烈焰般地自焚起来。

据说早在 17 世纪 50 年代，有几位荷兰人来到帕尔斯奇湖。当地人再三叮嘱他们，千万不要去火炬岛。有位叫马斯连斯的荷兰人觉得当地居民是在吓唬他们。他认为：帕尔斯奇湖处在北极圈内，即使想在岛上点上一堆火，恐怕也要费些周折，更不用说是使人自焚了。因此，马斯连斯对这一忠告没有理睬，固执地邀了几个同伴向火炬岛进发，希望找到所谓印第安人埋藏的宝物。可是，他们一行来到小岛边时，当地人的忠告让马斯连斯的几个同伴胆怯起来，都不敢再前进半步，只有马斯连斯一人继续奋力向前划去。

同伴们远远地目送着马斯连斯的木筏慢慢接近小岛，心里都有些胆战心惊。正当他们准备离开时，突然看到一个火人从岛上飞奔过来，一下子跃进湖里。那不正是马斯连斯吗？只见水中的马斯连斯还在继续燃烧。他们立即冲上前去，但谁也不敢跳下去救他，只能眼睁睁地看着他在痛苦中挣扎。

1974 年，加拿大普森理工大学教授伊尔福德组织了一个考察组，在火炬岛附近进行调查。通过细致的分析，伊尔福德认为，火炬岛上的人体自焚之谜，是一种电学或光学现象。这一观点随即遭到考察组的另一位专家哈皮瓦利教授的反对：既然如此，小岛上为什么会生长着青葱的树木？并且，在探测中还发现有飞禽走兽。哈皮瓦利认为：可能是岛上某些地段存在某种易燃物质，当人进入该地段后，便会着火燃烧。

正因为他们都认为这种自焚现象是由某种外部因素引起的，所以他们就都穿上了用特别的耐高温材料做成的服装，来到了火炬岛上。在岛上，他们并没有发现什么怪异的地方。然而，就在两个小时的考察即将结束时，考察组成员莱克夫人突然说她心里发热，一会又嚷腹部发烧。听她这么一说，全组的人都有几分惊慌，伊尔福德立即叫大家迅速从原路撤回。

队伍刚刚往后撤，走在最前面的莱克夫人忽然惊叫起来。人们循声望去，只见阵阵烟雾从莱克夫人的口鼻中喷出来，接着闻到一股烧焦的肉味。待焚烧结束后，那套耐火服装居然完好无损，而莱克夫人的躯体已化为焦炭。

4年后，加拿大自然科学院的阿马尔博士再次冒险前往火炬岛考察，不幸的是，他也未能逃脱厄运。此后，美丽的小岛更披上了一层恐怖的面纱，让好奇的人们望而却步。

时隔不久，加拿大物理学院的布鲁斯特教授就这种自焚现象发表讲话。他认为：这种人体自焚现象并非现在才发生，而是历来就有的。他用英国作家狄更斯在小说《荒凉山庄》中的描述来支持自己的观点：1851年，佛罗里达州的一位67岁的老妇人被烧成灰烬。布鲁斯特认为，这是典型的人体自燃事件，与外界条件毫无关系，它只不过是由人体内部构造产生的。因此，他认为，尽管目前还不明白是什么原因导致了自焚，但可以断定它与人的生活习惯有关。

布鲁斯特的演说立即遭到伊尔福德等人的强烈抨击。伊尔福德认为，人体自焚必定来源于外界因素。

此后，从1974年至1982年，相继有6个考察队前往火炬岛，但无一例外地都是无功而返，而且每次都有人丧生。于是，当地政府不得不下令，禁止任何人以科学考察的名义进入火炬岛。

【片言碎语】 如今，火炬岛上已是人迹罕至，然而奇特的自燃之谜到底因何而起，却仍没有定论。它仍旧静静地坐落在帕尔斯奇湖畔，似乎有意等待着人们去揭开笼罩在它身上的神秘面纱。

遗忘的文艺迷踪

美洲黄泉大道之谜

在美洲的著名古城特奥蒂瓦坎，有一条纵贯南北的宽阔大道，被称为“黄泉大道”。这条大道又有什么秘密呢?

“黄泉大道”全长 4 公里，宽 45 米，南北纵贯全城。街南端为古城的大建筑群，是当时宗教、贸易和行政管理中心，如今已成为博物馆、商场和管理办公室的所在地。对面是占地 6.75 万平方米的城堡，里面有一座羽蛇神庙。现在庙宇已毁，但庙基尚存，庙基斜坡上的羽蛇头栩栩如生。街北端西侧是著名的蝴蝶宫，这是当时古城最繁华的地区。宫内石柱上刻有十分精致的蝶翅鸟身浮雕，形象生动，色彩鲜艳。

1974 年，在墨西哥召开的国际美洲人大会上，一位名叫休·哈列斯顿的人声称，他在特奥瓦坎找到了一个适合其所有建筑和街道的测量单位。经过电子计算机计算，该单位长度为 1.059 米。例如特奥蒂瓦坎的羽蛇庙、月亮金字塔和太阳金字塔的高度分别是 21、42、63 个“单位”，其比例为 1:2:3。

哈列斯顿用“单位”测量黄泉大道两侧的神和金字塔遗址，发现了一个更加惊人的情况：“黄泉大道”上这些遗迹的距离，恰好表示着太阳系行星的轨道数据。在城神庙废墟中，地球和太阳的距离为 96 个“单位”，水星为 36，金星为 72，火星 144。”城堡“背后有一条特奥蒂瓦坎人挖掘的运河，运河堡”的中轴线为 288 个“单位”，正好是火星和木星之间小行星带的距离。轴线 520 个“单位”处有一座无名神庙的废墟，这相当于从太阳到木星的距离。再过 945 个“单位”，又有一座神庙遗址，这是土星到太阳的距离，再走 1845 个“单位”就到了“黄泉大道”的尽头——月亮金字塔的中心，这恰恰是天王星的轨道数据。如果再将黄泉大道的直线延长，就到了塞罗瓦戈多山山顶，那里有一座小神庙和一座塔的，地基仍在。其距离分别为 2880 和 3780 个“单位”，正是海王星和冥王星轨道的距离。

黄泉大道

如果说这一切都是偶然的巧合，显然令人难以信服。如果说这是建造者们有意识的安排，那么“黄泉大道“显然是根据太阳系模型建造的，肯定特奥蒂瓦坎的设计者们早就了解了整个太阳系的行星运行情况，并懂得了各个行星与太阳之间的轨道数据。然而，人类 1781

年才发现天王星，1845 年才发现海王星，1930 年才发现冥王星。那么在混沌初开的史前时代，是哪一只看不见的手，为建造特奥蒂瓦坎的人们指点出了这一切呢？

【片言碎语】黄泉大道之所以有这么个奇怪的名字，是因为公元 10 世纪时最先来到这里的阿滋特克人，沿着这条大道进入这座古城时，发现全城空无一人，他们认为大道两旁的建筑都是众神的坟墓，于是就给它起了这个名字；还有说法是以前成为祭品的人或者动物都要通过这条大道到达祭台。

复活节岛上的石像是谁的杰作

孤零零的东南太平洋上的复活节岛引起世界许多人对它的兴趣和关注。从发现这个小岛起，许多问题便成了人们议论、关心，但又是解不开的谜，科学家们对它进行了长期的研究，都得不出一个科学的一致的解释。复活节岛被世界上许多人称为“神秘之岛”，关于它的许多疑问，又被世人说成是“复活节岛之谜”。

1722 年罗格文将军带领一帮人登到岛上时，发现岛上耸立着许多石雕人像，它们背靠大海，面对陆地，排列在海岛的岸边上。每个石像形态不同，大小也不一样。当时，罗格文对自己看到的一切感到非常惊讶。此后在 1770 年，西班牙的航海家冈萨雷斯到了这个岛上，1774 年，英国的航海测量家库克再次到达这里，他们对岛上看到的一切，都感到非常惊奇。

这些航海家们，很快就把复活节岛的所见所闻传遍了欧洲和全世界，于是吸引了一些专家学者来到这个岛上进行考察研究。专家们来到岛上，对石像进行了详细的观察。他们发现，复活节岛上的石像有440个左右，这还不包括在山体岩石上已雕刻、但还未完工剥离下来的好几百个。石像高度一般在5~6米，小的3~4米，最高大的一个高21.8米。大约有30个石像的头上戴着石帽，石帽与石像身体不是整体的，是另外雕刻好了戴上去的，并且在一些石帽上涂了红色。石像都没有刻出下身的脚。雕好的石像形态各不相同，但都是耳朵很长，鼻子高大，嘴唇很薄。石像身上还刻有图案花纹，雕好的石像竖立在60米长、3米高的平台上。雕刻石像所用的材料，是当地的火山岩。每个石像的重量，一般在10吨以上，最小的估算也在5吨以上。还有一个现象，就是现在看到的石像，除了竖立在那里的一部分，有几百个石像还没有完工，仍在岛上的岩石上，好像发生了什么突然事件，使正在进行的工作，突然停了下来。专家们访问了这里的岛民。岛上的波利尼西亚人并不了解这些石像的来历，他们的祖先也没有告诉了孙后代这些石像是谁雕刻的。因为没有文字，也没有历史记载。但他们称石像叫“毛阿依”，石帽叫“普卡奥”，放石块的平台叫“阿胡”。

这些石像是谁雕刻的？一种说法是这些石像是岛上人雕刻的，他们是岛上土著人崇拜的神或是已死去的各个酋长、被岛民神化了的祖先，同意这种说法的人比较多。但是有一部分专家认为，石像的高鼻梁、薄嘴唇，那是白种人的典型生相，而岛上的居民是波利尼西亚人，他们的长相没有这个特征。耳朵长，哪种人也不像。雕塑是一种艺术，总会蕴含着那个民族的特征，而这些石像的造型，并无波利尼西亚人的特征。那么，它们就不会是现在岛上居民波利尼西亚人的祖先，这些雕像也就不可能是他们制作的。此外，人们在从另一个角度细细地分析，岛上的人很难用那时的原始石器工具，来完成这么大的雕刻工程。有人测算过，在2000年前，这个岛上可提供的食物，最多只能养活2000人，在生产力水平非常低的石器时代，他们必须每天勤奋地去寻觅食物，才能勉强养活自己，他们哪里有时间去做这些雕刻呢？况且，这种石雕像艺术性很高，专家们都对这些“巧夺天工的技艺”赞叹不已。即使是现代人，也不是每个人都能干得了的，谁又能相信，石器时代的波利尼西亚人，个个都是善于雕刻的艺术家呢？

还有一种说法是，石像不是岛上人雕刻的，而是比地球上更文明的外星人来制作的。他们为了某种目的和要求，选择太平洋上的这个孤岛，建了这些石像。这种说法更离奇。为雕刻这些石像，岛上丢弃了许多用钝了的石器工具，谁会相信，比地球人更文明的外星人，会用这些原始的石器工具来完成这批雕像作品呢？

关于山上还有几百个未完工的石像，为什么没有把它们雕刻完毕，放弃在那里，专家们分析后说，这可能在雕凿中遇到了坚硬的岩石，无法继续雕凿下去而放弃的。因为当时用石制工具雕刻石头，在制造石器工具时，尽可能选用最硬的石块，但可能在雕凿中，也遇到很硬的岩石，雕凿不动，不得不放弃。因此，这些未刻完的石像，不是遇到什么灾变性事件突然停下的，而是在雕制过程中逐步被放弃的。其中一个最大的石像，高20多米，是复活节岛所见石像中最大的一个，因为未完工，现仍躺在山上的岩石上。可是岩石学家并不完全同意这种看法。他们解释说，也可能雕刻石像的人花费了很大的劳力和时间，把石像雕成并竖立了起来，却又被地震震倒了，再竖起新雕的，又被震倒了。雕刻的人认为这是上天或神的惩罚，不让他们再干下去，因此都停了下来。

总之，有关复活节岛的石人像，种种说法很多。近200年来，许多专家学者，一代代地对复活节岛进行了深入的研究，他们做了大量的工作，付出了辛勤的劳动。但是直到今天，还没有得出一个使大家信服的、科学而又圆满的解释。

【片言碎语】复活节岛位于东南太平洋上，现属智利共和国。现岛上居民约2000人，属波利尼西亚人种，在西方人未到这个岛上之前，这里还处于人类的石器时代，他们只有语言，没有文字。因为岛上都是石块，不长农作物，只能种些易生长的甘薯。岛民原来都靠捕鱼，种少数甘薯为生，现在大多从事旅游服务业。岛上的土著波利尼西亚人，称这个小岛是“世界的中心”。英国航海家李斯特奈克·戴维斯，在1686年第一次登上这个小岛时，发现这里一片荒凉，但有许多巨大的石像竖在那里，戴维斯感到十分惊奇，于是他把这个岛称为“悲惨与奇怪的土地”。1722年4月5日，荷兰海军上将雅各布·罗格文航行经过这里时再次发现了这个岛，因为那天是耶稣复活节，于是被命名为“复活节岛”，这个小岛的名称就这样沿用了下来。

古希腊的雕塑为什么都是裸体的

现代人在欣赏古希腊雕塑艺术的时候，会问为什么有相当数量的雕塑，眼睛没有眼球？为什么雕塑都没有表情？在当今社会裸体艺术还有诸多禁忌的时候，为什么古希腊雕塑都是裸体的？裸体造型艺术何以如此普遍？

对这个问题的探讨，曾困扰了无数智者、学者和专家、研究家几个世纪，其观点看法又是如此的大相径庭。直至今天，这种争论仍在继续之中。

有人认为古希腊的裸体艺术源于原始社会的裸体风俗，农业社会之前的原始人，对男女外生殖器的表达较为突出，如太平洋诸岛、南洋群岛和非洲的原始人，都刻意装饰和显示自己的外生殖器。这种以性为主的裸体美，是由于原始人把性看作大自然赐物，生命与欢乐的源泉。在欧洲，早在旧石器时代的“奥瑞纳”文化里，就出现了法国鲁塞尔洞的浮雕裸女和奥地利委连多尔夫的圆雕裸女。这些作品都夸张女性的乳房，这是同原始生产力落后、人们渴望生产力旺盛离不开的。在古埃及的壁画和雕刻作品中，对裸体有了进一步的刻画。到了古希腊、古罗马时代，裸体艺术则达到了一个高潮，如著名的断臂维纳斯雕塑就是其中的一个杰作。

古往今来，大多数人认为古希腊人雕塑采取裸体的形式，和当时战争的频繁与体育的盛行紧密相关。大约在3000年前，爱琴海一带出现了无数城邦，由于各个城邦都想占有其它城邦，因此当时的公民只有两个职责，就是公共事务和战争。为了培养懂政治、会打仗的公民，就出现了一种特殊的教育。著名哲学家柏拉图的《对话录》、丹纳的《艺术哲学》都说：那时战争全凭肉搏，因此每个士兵都得锻炼好身体，愈强壮愈矫健愈好。青年人大半时间都在练身场上角斗、跳跃、拳击、赛跑、掷铁饼，把赤露的肌肉练得又强壮又柔软；目的是要练成一个最结实、最轻灵、最健美的身体，而没有一种教育在这方面做得比希腊教育更成功的了。这便是希腊的特殊教育。战争带来了体育的盛行，古希腊是一个体育大出风头的时代。当时，几乎没有一个自由民不经过练身场的训练，而运动不高明的人，则被人看不起。希腊人的孩子从会走路开始，就要接受体育训练。那时的体育教师才是真正的健美专家，训练出了一大批体格健美的青年人，也培养了一大批合格的模特儿。当时的艺术家大多兼体育教师，如喜剧家阿里斯托芬等人。古希腊各个城邦每逢节日，都要举行体育竞赛，从中挑选出最有气力、身手最敏捷的青年。在当时运动会上，人们并不以裸体为耻，青年男女为了显示自己健美的体魄，常常把衣服脱光。斯巴达的女青年参加运动会，也常常是全裸的。古希腊历史学家普鲁塔克曾记述当时少女们裸体参加运动会的情景说："尽管少女们确乎是这样公开地赤身裸体，却绝感不到有什么不正当的地方，这一切的运动都充满嬉戏之情，并没有任何的春情或者淫荡。"另一位美术史家阿尔巴托夫也说过："无论在希腊人之前或希腊之后，人们再也不能那样单纯无邪地去看待裸体了。"对于运动会上的优胜者，人们都报以雷鸣般的掌声，姑娘会向他献上鲜花桂冠，诗人为他作诗，雕塑家为他塑像。罗丹还说道："希腊人这种特有的风气产生了特殊的观念。在他们眼中，理想的人物不是善于思索的头脑或者说感觉敏锐的心灵，而是血统好、发育好、比例匀称、身手矫健、擅长各种运动的裸体。"基于这种思想，裸体雕塑自然地成了当时的艺术主流。从艺术规律来看，雕塑为三维空间艺术，有实感，最能表现力量。而那些运动场上的优胜者和美丽的肌体都可成为雕刻家最理想的模特儿。

世界驰名的学者威尔·杜兰特在其力作《世界文明史》中说：“希腊艺术所表达的是什么？总而言之、它是把人文主义象征化——即是把人视为宇宙中最重要的造物而加以赞美。尽管许多雕刻描绘神，但这一点也不减损人文主义的本质。希腊人的神是为着人的利益而存在，所以他赞美神也就是赞美自己。建筑和雕刻二者都是把平衡、和谐、秩序和中庸的思想具体化。”在他们看来，希腊的裸体艺术和他们的审美观念有关，表现人体的美术作品具有特殊的审美价值。人乃万物之灵，造化之极点，具有特殊的魅力。在古希腊人的观念里，万物之中，数人最美，所以在竞技场中会出现欢呼雀跃

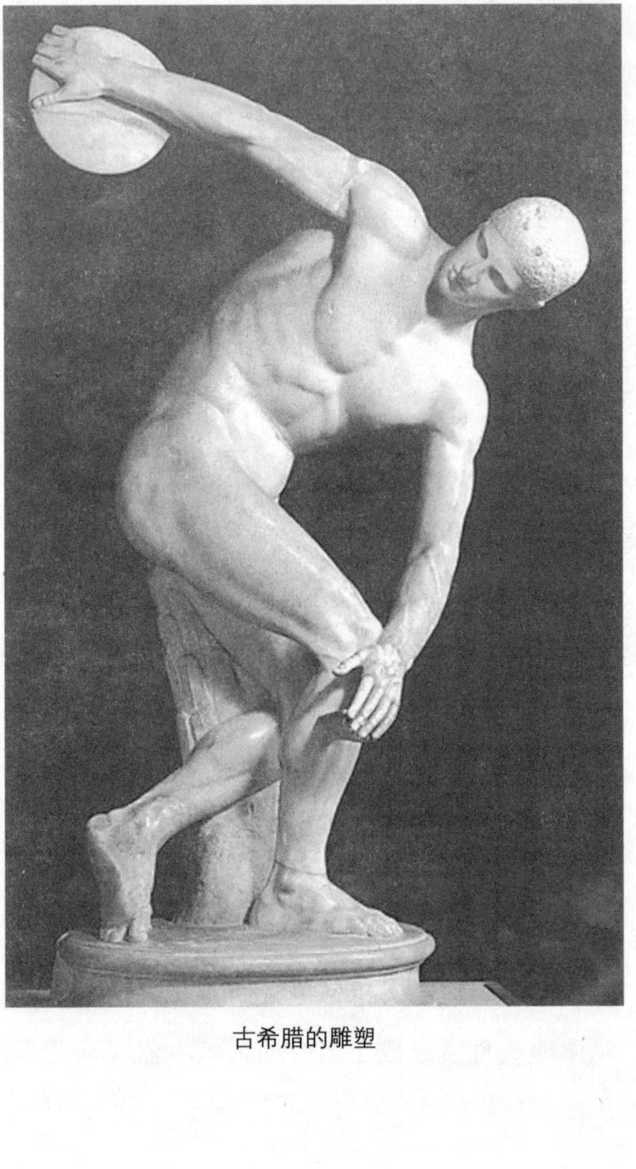

古希腊的雕塑

的裸体群。“健全的精神寓于健康的身体”，这是他们信奉的一句至理名言。然而，从总体上来说，希腊雕塑的裸体，和战争、体育以及审美都是有联系的。希腊的人体雕塑主要是希腊现实生活反映，可归结于社会原因：军事海盗式争夺、相适应的体育运动裸体竞技、久而久之所形成的特殊审美观念。审美观念一经形成，往往会逐渐离开原来的实用目的，而具有相对独立的审美意义。于是，裸体雕塑就大量地出现了。

【片言碎语】新疆大学历史系教授苏北海经严密考证后曾作出了一个惊人的论断：裸体艺术起源于新疆，而非古希腊；新疆的裸体艺术甚至影响了古希腊的裸体艺术。苏北海在长期考察、论证了公元前10世纪以前的新疆裕民县巴尔达库尔、米泉县独山子村、呼图壁县康家百门子的生殖崇拜岩画后认为：早在公元前10世纪以前，天山南北就出现了裸体艺术，而古希腊的裸体艺术则产生于公元前4世纪。确切地说，中国古代天山南北的裸体艺术早于并影响了古希腊的裸体艺术。这一观察是否科学，目前有关专家正在进一步的研究、探讨之中。

名画《马拉之死》的构图之谜

《马拉之死》是大卫的一幅名画，它因马拉的特殊身份和简洁有力的形式而为人们所熟知。但是它的构图之谜也是历来人们争论的焦点。

法国新古典主义绘画大师雅克·路易·大卫以真实的细节成功地再现了人民之友——马拉遇刺身亡的情景。画面上：赤裸着上半身的马拉倒在浴缸中，脸上显出濒于死亡的表情，包着浅黄色头巾的脑袋斜靠在身后的家具上，鲜血正从胸肋部流下，染红了身下洁白的浴巾。右手握着鹅毛管笔无力地垂落在浴缸外，旁边即是置他于死地的匕首。左手拿着凶手所写的便条搁在浴缸边的桌子上，便笺上写着："1793 年 7 月 13 日玛丽·安娜·夏洛特·科黛，致公民马拉：我十分不幸，为指望得到你的仁慈，就足够了。"浴缸边的木柜上放置着墨水瓶、鹅毛管笔和马拉生前写的一张附有纸币的信笺，笺上写道："请将这份钱转给一位有着 5 个孩子的母亲，她丈夫已为国捐躯。"木柜正面还有"献给马拉，大卫"的题词，整个画面有力地表现了革命家马拉生活的简朴、工作的勤奋以及为共和国忘我献身的高贵品质，揭示了法国大革命时代的英雄内容和精神。

众所周知，让·保尔·马拉是 18 世纪法国资产阶级革命时期的著名革命家，雅各宾派的主要领导人之一。他积极鼓吹革命暴力，坚决反对右翼吉伦特派的妥协投降政策，因而遭致吉伦特派残余分子的嫉恨，他们阴谋以卑鄙的手段除掉马拉。1793 年 7 月 13 日，来自南方的年轻女子科黛先后3次来到位于巴黎圣·奥雷诺大街的马拉住所，要求会见马拉，均被侍卫和马拉夫人婉拒，双方发生了争执。正泡在浴缸中的马拉得知情况后便命令侍卫放科黛进去。可是，不久就从浴室里传来了马拉的惨叫声……

马拉遇害的消息传出后，群情激愤。国民公会迅速召开会议，会上有人慷慨陈词，要求严惩凶手，并大声呼吁："大卫，你在哪里？现在你应该再画一幅！""拿起你的画笔，为马拉报仇。要让敌人看到马拉被刺的情景而发抖，这是人民的要求！""对，我一定画一幅！"在场的大卫满怀激情地回答。在接受这一光荣的任务后，大卫就赶赴现场，亲眼目睹了马拉被刺的惨象，并画了素描速写。3个月后，一幅题为"马拉之死"的油画即在卢浮宫公开展出。人们参观后交口称赞此画艺术地再现了马拉的崇高形象，但大家对画家为何如此构图则有着各自不同的理解。绝大多数人认为，不言而喻，大卫是以写实的手法，撷取马拉生前常常被迫在浴缸中工作这一典型场景作为创作素材的。至于马拉为何要以这样的方式工作，则完全与他所得皮肤病有关。法国大革命初期，为了及时地出版《人民之声》报，处于反动密探和刺客重重包围中的马拉，不得不经常在穷苦人家的地窖和城外采石场的洞穴里进行写作。

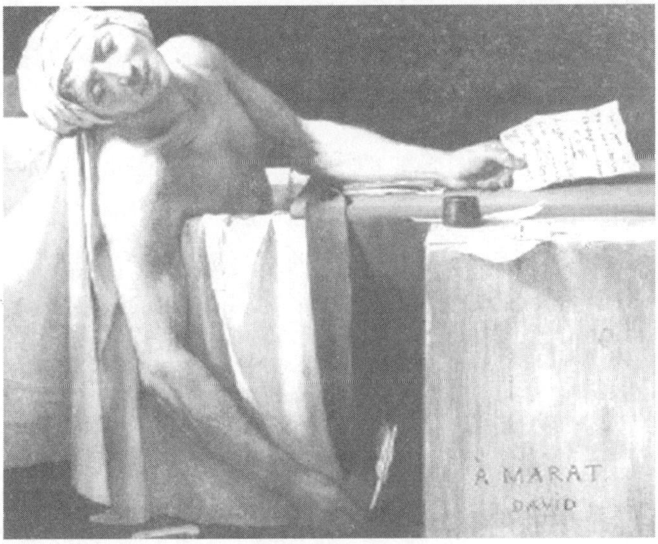

名画马拉之死

长年累月在阴暗潮湿的环境下工作使马拉染上了湿疹，并蔓延到全身，因而被迫经常泡在水里以稍稍缓解病痛的折磨。同时，作为国民公会的代表，马拉重任在肩，每天必须处理大量公务。为了不耽误工作，他就在浴室里放了一张小办公桌，在墙壁上安了一个小书架，以便随时翻读书刊、批阅文件。画家就是据此构思创作的。况且，大卫本人也说过："在马拉被刺前几天，我被派去访问他。见到他在浴缸中的情景我惊讶。浴缸旁边有一只木墩，上面放着墨水瓶和纸，在浴缸外的手却在书写关于人民福利的计划。我认为，把马拉为人民而操劳的生活情景展示给人民是有益的。"也有人认为对该画的创作构思根本不应作如是观，大卫如此构图与马拉所得疾病没有丝毫关系。据专为马拉遗体做防腐处理的医生断定，马拉患的是麻风病而非湿疹。所以大卫在绘制《马拉之死》时仅是借鉴参考了同年前些时候他为另一位革命英雄——勒佩蒂埃所作肖像画的手法。勒佩蒂埃生前也是国民公会代表，遭反动分子暗杀后，大卫曾为他画像。画面中死者赤裸着上身倒在床上，致命的伤痕清晰可见，造型单纯明确，意境崇高，艺术处理极为成功。现在大卫决定以同样的手法塑造马拉为革命献身的英雄形象，所不同的只是这次马拉是死在浴缸中。当然，还有一些艺术史家主张应从纯艺术的角度来看待这个问题。他们认为大卫既是新古典主义画派的巨擘，又是一位写实派画家，正是这种双重性决定了《马拉之死》的艺术构思。

历史已经过去，《马拉之死》的构图之谜，恐怕只有大卫自己心里最清楚了。

【片言碎语】《马拉之死》简洁、严谨、明晰、理智的表现手法以及这深入、具体、真实再现细节的刻画，反映了达维特对马拉的无比敬重之情。同时，也反映了法国大革命期间，古典主义的盛行以及人们渴望寻求一种时代所需要的理想的英雄主义精神。

秦始皇兵马俑之谜

1994年3月1日，举世闻名的“世界第八奇迹”——秦始皇兵马俑二号俑坑正式开始挖掘。这是20世纪以来巨大的考古发现之一。

在二号俑坑内已出土有铜矛、铜弩机、铜镞、残剑等，其中还发现了一批青铜剑，长度为86厘米，剑身上共有八个棱面。考古学家用游标卡尺测量，发现这八个棱面的误差不足一根头发丝，已经出土的19把青铜剑，剑剑如此。这批青铜剑内部组织致密，剑身光亮平滑，刃部磨纹细腻，纹理来去无交错，它们在黄土下沉睡了2000多年，出土时依然光亮如新，锋利无比。科研人员测试后发现，剑的表面有一层10微米厚的铬盐化合物。这一发现立刻轰动了世界，因为这种铬盐氧化处理方法，只是近代才出现的先进工艺，德国在1937年，美国在1950年先后发明并申请了专利。

在清理一号坑的第一过洞时，考古工作者发现一把青铜剑被一尊重达150千克的陶俑压弯了，其弯曲的程度超过45°，当人们移开陶俑之后，令人惊诧的奇迹出现了：那又窄又薄的青铜剑，竟在一瞬间反弹平直，自然恢复。当代冶金学家梦想的“形态记忆合金”，竟然出现在2000多年前的古代墓葬里。

事实上，关于铬盐氧化处理的方法，绝不是秦始皇时代的发明，早在春秋战国时期，中国人就掌握了这一先进的工艺。

春秋五霸时期，越王勾践“卧薪尝胆”，一举击败了吴王夫差，演出了历史上春秋争霸的最后一幕。岁月的流逝，使这场惊心动魄的战争静静沉睡在历史的长卷里，忙忙碌碌的后人几乎把它遗忘了。

然而，一支考古队在挖掘春秋古墓时，却意外发现了一把沾满泥土的长剑，剑身上一行古篆——“越王勾践自用剑”跃入人们眼帘。这一重大的考古发现立即轰动了全国，但是，更加轰动的消息却来自对古剑的科学研究报告。最先引起研究人员注意的是：这柄古剑在地下埋藏了两千多年为什么没有生锈，依然寒光四射、锋利无比呢？通过进一步研究发现，“越王勾践剑”千年不锈的原因在于剑身上被镀上了一层含铬的金属。大家知道，铬是一种极耐腐蚀的稀有金属，地球岩石中含铬量很低，提取十分不易。再者，铬还是一种耐高温的金属，它的熔点大约在4000℃。

秦始皇兵马俑

中华文明中曾有过太多的秘密，谁能想象，本世纪50年代的科学发明，竟然会出现在公元前200多年以前？又有谁能想象，秦始皇的士兵手里挥舞的长剑，竟然是现代科学尚未发明的杰作？问题是在发现以后，我们用什么态度来解释这种超常规的科技早熟现象？我们真不希望看到有些人用“偶然”来解释，它应该有一个更加具体的说明。假如以上的事实是真实的话（至少铬盐氧化处理不是假的），那么我们就会问：他们的技术源渊是什么呢？

【片言碎语】秦始皇陵位于距西安市30多千米的临潼县城以东的骊山脚下。据史书记载：秦始皇从13岁即位时就开始营建陵园，由丞相李斯主持规划设计，大将章邯监工，修筑时间长达38年。

耶稣裹尸布之谜

在意大利西北部的城市都灵，从公元16世纪起就有一件镇市之宝保存在约翰大教堂附属的小礼拜堂里，世代承受着基督教信徒的顶礼膜拜，它被誉为基督教的圣物，这就是举世闻名的“都灵裹尸布”，又称作“耶稣裹尸布”。

公元1世纪初年，耶稣降生于伯利恒，其母是圣母玛利亚。耶稣是上帝的独生子，30岁时，开始在巴勒斯坦地区传教，渐渐成为当地人的精神和道德领袖。

耶稣与门徒的所作所为，引起了犹太教徒的仇视，由于叛徒的出卖，耶稣被罗马帝国驻犹太总督彼拉多逮捕，经判决钉死于十字架上。

据《圣经·新约》记载：耶稣在十字架上被钉死后，门徒四散逃亡，尸体无人收殓。幸好“有一个人名叫约瑟，是个义士，为人善良公义……这人去见彼拉多，求耶稣的身体。就取下来用细麻布裹好，安放在石头凿成的坟墓里。”想不到第七天，耶稣神奇地复活了，墓穴洞开，不见了踪影。他的门徒彼得听闻此事，连忙“跑到坟墓前，低头往里看，见细麻布独在一处，就回去了，心里稀奇所成的事。”

——这便是西方复活节的由来。

对于这块细麻布的下落，《圣经》经文没有再作交待，直到1353年，裹尸布到了法国巴黎沙尔尼伯爵手中，并曾于1357年在其领地的利雷教堂公开展出。1432年，裹尸布又到了萨夫瓦公爵的手中，不久公爵府中不慎起火，殃及裹尸布，所幸此布只是稍微受损。之后，裹尸布被转移到意大利都灵大教堂公爵住的地方。1983年，这块布被郑重地保存在一个银盒中，供奉在都灵天主教堂的祭台上。

裹尸布真的是耶稣基督受难的遗物吗？几百年来，历史学家、宗教学家、科学家围绕着它的真伪众说纷纭，争论不休。迫于各方面的压力，以及人类好奇的天性，1986年9月29日，在意大利都灵召开了一次由教皇科学院院长主持的专题技术讨论会，出席会议的有都灵大主教的代表、教皇科学院以及来自法国、瑞士、英国等地的科学家共22人。会议达成协议，同意剪取邮票大小的样品，由世界先进的超高灵敏度的加速器质谱计（AMS）进行测定。

1988年4月21日，不列颠博物馆的考古权威和大主教一起来到都灵大教堂，把传说中耶稣当年受难时的裹尸布剪下长7厘米、宽1厘米的布条，分成三小块，在对方不知情的情况下，分别寄往美国亚利桑那大学、英国牛津大学和瑞士苏黎世联邦理工学院AMS测年实验室检测。实验表明，三家实验室达到了极佳的一致性，各个结果的差异在120年以内。裹尸布在公元1260年到1380年之间制成的可能性为95%，而有100%的肯定性表明决不会早于公元1200年。1988年10月13日，都灵大主教、红衣主教巴莱斯特雷罗在召开的记者招待会上正式宣布：这件几个世纪以来被基督徒奉为圣品的耶稣基督尸布，并非耶稣受难时所用，而是中古时期织出的一件赝品。至此，所谓的耶稣裹尸布真相大白。

不过，此事后来又出现了反复，据说有科学家使用“微化学法”重新对裹尸布进行了取样分析后，惊人地发现：在1988年的实验中，三家实验室的化验样品只不过是都灵裹尸布的一块补丁，而新的鉴定认为，主体部分要比这块补丁早得多。这块补丁是因为失火受损后补上去的，因当时补得非常仔细，加上年代久远，在试验前恰恰剪到了补丁部位。试验表明，裹尸布的主体部分要比补丁的年代早很多。

【片言碎语】耶稣裹尸布长 4.35 米，宽 1.09 米，上面有一个遭鞭笞和被钉在十字架上的人的血迹影像。影像身高 1.8 米，长发垂肩，双手交叉放置于腹部，在头部、手部、肋部与脚部有清晰的红色血渍状色块，正与《圣经》上所记载的耶稣被钉死时的状态相同。

巨石阵之谜

巨石阵圆形石林是人类早期留下来的神秘遗迹之一，它到底是怎么回事呢？

圆形石林也叫做巨石阵，位于英国离伦敦大约 130 公里一个叫做索尔兹伯里的地方。那里的几十块巨石围成一个大圆圈，其中一些石块足有 6 米之高。据估计，圆形石林已经在这个一马平川的平原上矗立了几千年。但是迄今为止，没有人确切知道当初建造它的目的到底是什么。一些科学家认为圆形石林是早期英国部落或宗教组织举行仪式的中心。还有一些专家认为那里是观察天文的地方，人们很可能在季节变化之际在那里举办活动。

圆形石林是人类早期留下来的神秘遗迹之一。科学家经过多次详细的考察之后，已经大概估计出它的建造年代和过程。科学家认为，圆形石林可能最早于四五千年前开始动工，整个工程前后进行了数百年，才成为同现在状况类似的格局。

科学家知道建造圆形石林的石头来自威尔士。但是没有人知道古代的威尔士人如何把这些几十吨重的巨石运到三百多公里之外的索尔兹伯里平原。

很多专家认为，圆形石林建造的时间在公元前五千年到公元前三千六百年之间，但是到了大约公元前一千五百年，也就是离现在三千五百年以前，英格兰的早期居民就不在这个地方举行任何活动了。然而英国科学家最近发现，圆形石林可能到更晚一些的时期仍然在发挥某种功能。根据科学验证，在圆形石林内发现的一名男子的骨架是两千多年前留在那里的。

圆形石林内的巨石正好同夏至那天太阳升起的位置排成一线。在圆形石林纪念夏至的人大都相信英国古代克尔特人的巫师宗教，他们认为他们举行的活动同当年在圆形石林举行的宗教仪式相似。甚至有人认为，信奉多神灵的古代克尔特人是圆形石林的建筑师。最早的克尔特巫师是法官、立法人员和神职人员。他们在那里举行宗教仪式，解决法律纠纷，并向老百姓发布指令和提供帮助。但是据认为，这种宗教在一千五百年前就销声匿迹了。

【片言碎语】不知出于什么原因，由石块组成的圆形后来被拆除，人们又运来80块大沙岩，和原来的青石柱一起重新排列成圆形和马蹄形结构。从现存的遗迹上，仍然可以隐约看到圆形石林第三期建筑的风貌。据研究人员估计，建造圆形石林总共花了三千万个小时的人工，相当于一万人工作一年。

悬空寺之谜

在北岳恒山的山西金龙口峡谷，有一处古建筑凌空凸起在万丈悬崖上，它距离地面60多米，底部从悬崖中突出，悬在空中，这就是悬空寺。

悬空寺始建于1500年前的北魏时期，是一处纯粹的木质结构建筑。这里山势陡峻，悬空寺就好像是粘贴在悬崖上似的，给人一种可望而不可即的感觉。抬头望上去，但见层层叠叠的殿阁，只有十数根极细的木柱子把它撑住。那大片的赭黄色岩石，好像微微向前倾斜，瞬间就要塌下似的。1500年来，北岳恒山经历了无数次的地震、悬崖滚石，可悬空寺却安然无恙，而且还经受住了千百年的风霜雨雪的侵蚀。

原来悬空寺的建寺设计与选址非常地奇妙。悬空寺背后的山崖向里凹进，寺顶的山崖向外凸出，好像一把伞，整个寺庙如置于屋檐之下，既可免遭雨冰淋湿，又可避免岩石脱落砸坏寺庙建筑。加之山谷狭窄，全年日照时间平均大约两个小时，又使寺庙少受日晒的侵蚀。一年四季山风不断，气候干燥，木质结构的建筑，既无虫蛀，又不腐烂；寺庙高于山下河谷90多米，山下洪水泛滥时，也免于被淹。可见悬空寺确是一处风吹不着，雨淋不着，日晒不着，石砸不着，水淹不着的天然之所，这就是它历千载风霜而不朽，经万众登攀而不毁的奥妙所在。

悬空寺的另一个悬念，是全寺共有殿阁40间，支撑它们的十几

悬空寺

根碗口粗的木柱如何承受得了？其实有的木柱根本不受力。真正支撑寺院的是插进岩石内的横木飞梁。古人巧妙地利用力学原理，用当地的特产铁杉木加工成为方形的木梁，深深插进坚硬的岩石里。木梁用桐油浸过，不怕白蚁咬，而且具有防腐作用。阁楼的底座就铺设在这些横木之上。横梁下又有立柱支撑，这十几根木柱的每个落点都经过精心计算，有的木柱起承重作用，有的是用来平衡楼阁的高低，有的要有一定重量加在上面才能够发挥支撑作用，如果上面空无一物，它就无所借力了。当游人通过栈道时，虽然脚下颤颤悠悠，如履薄冰，却无丝毫危险。栈道上有人时，下面的支柱因承受压力而稳固不动，而栈道上无人时，下面的支柱竟能推离石基，似钟摆一样晃动起来。这种似虚而实，似危而安，危中见奇的巧妙构思，若非身临其境，简直令人难以置信。

其实悬空寺还有一个鲜为人知的秘密，据专家分析，悬空寺木质的梁柱组成的结构是一个榫卯结构。它最大的特点，就是能防震。它能够吸收震能，属于弹性结构。榫卯结构就是一根木头凸出的部分插入另一根木头相同尺寸的凹洞里。这种结构的建筑在受到巨大外力作用时，部件彼此错动，当外力消失时又能恢复原状，所以不会遭到彻底破坏。这一结构的特性正是悬空寺在历次地震中能够幸免于难的主要原因。

【片言碎语】悬空寺是我国古建筑的杰作，是古代劳动人民聪明智慧的结晶，号称“天下奇观”，堪称世界一绝。李白游览悬空寺后，在石崖上书写了“壮观”二字。

印加帝国的道路与巨石之谜

萨克塞华曼城堡的巨石建筑到底是如何建成，库斯科太阳神庙中供奉的大神维拉科查又是什么人呢？

为巩固和发展自己的统治，印加帝国统治者不但修建了固若金汤的城池，还建造了四通八达的大道，几乎囊括了印加帝国所有疆域，横穿所有地形。沙漠地区，大道两边都建着防护墙，深山峡谷，大道上都凿出了蜿蜒的石阶。高原上，大路两旁有石墙防护。而在沼泽地区，高高的土堤使人们能顺利通行。在山区的河流和峡谷上，如果跨度短，他们就简单地用木头或木块搭桥，如果跨越宽且深的大河或者峡谷，他们就架设牢固的桥梁。通过这一套浩大的工程，他们成功地建立了全国性的有效的交通道路网络。

为了拱卫首都，印加人又在库斯科城周围建起了许多巨石堡垒，其中以萨克塞华曼古堡最为有名。“萨克塞华曼”是“山鹰”的意思，它位于库斯科北面的1.5公里的300米高处，是印加帝国最重要的城堡，也是迄今保存最完好的印加帝国遗迹之一。城堡占地约4平方公里，主体由里外三层围墙组成，全用巨型石块堆砌，最外面的那道围墙全长达540米，而且墙身不是平直的，它们呈锯齿状，共有66个突出的锐角形墙垛，墙垛上的士兵可利用这种阵地交叉投掷标枪，射杀来犯的敌人。

整个城堡共用了30多万块石料，全都是重达数十甚至数百吨的巨石，其中最大的石块高9米，约361吨重。令人难以置信的是，这些笨重的巨型石块被精细地雕凿成多角形，然后又巧妙地拼合在一起。有些石块上不仅凿有台阶和斜坡，而且刻着螺旋形的洞眼，以便与别的石块吻合。雕琢的手法极为轻巧流畅，缝隙之处细如发丝。为了整体的坚固，有些巨大无比的石块竟然倒着安放。萨克塞华曼城堡经历了无数岁月的风风雨雨，至今巍然屹立。印加人还以这座古堡为起点，修筑了漫长的栈道，全长23000公里，是秘鲁古代一条主要交通干线。

1950年，库斯科地区发生强烈地震，许多西班牙时期的建筑轰然倒塌，而萨克塞华曼城堡却安然无恙。

一位西方史学家曾感叹“只有你亲眼目睹城堡时，才会发现它在整个设计建造上可谓鬼斧神工，使人不得不怀疑它是全能者的杰作，而绝非出自人类之手!”的确，面对这些无比巨大的石块组成的建筑，现代人更多的是困惑：当初这些建造者是采用什么方法，将这些巨石切割、挪移、倒置并精确地安放在指定的位置的呢?

在相当长时间内，欧洲人想当然地认为，这些奇迹全部是印加帝国的子民创造。可是考古发现，即使在印加帝国鼎盛时代，印加人也没有发明铁制工具和带轮子的交通工具。他们能在安第斯山区饲养的最大家畜是南美洲的羊驼，即使一只大羊驼最多也只能驮运不到20公斤的货物，所以，当时的大部分货物都靠印加男人用人力背送的。他们靠什么来加工和搬运这些巨大的石块呢?

萨克塞华曼城堡中最大的石块重达300吨，不要说当时的印加人，就是在今天，恐怕也都找不到搬运重达300吨的石块的巨型车辆。要想把重达二三百吨的巨石运到蜿蜒陡峭的半山腰，再垒砌成密不透风的石墙，建造者们用什么办法建成了这座巨石古堡，实在是一个难解之谜。

据秘鲁史料记载，曾有一位印加君王，试图效法修建萨克塞华曼城堡的先人，从数公里外运来一块巨石，想要竖立在城堡中，以增加他的光彩。“两万余名印第安人牵引着这块大圆石，沿着崎岖陡峭的山路进发……途中石头忽然坠落悬崖，压死3000多名工人。”记载说明印加人似乎并不具备这种非凡的建筑技术。

所以，有的专家不同意萨克塞华曼古堡是印加帝国鼎盛时期建成的这一结论。他们认为，根据古堡的建筑风格和技巧，应当是印加人来到此地之前的某个不知名的民族，用一种失传了的高难度技术建成。但当地的印加人自己对此也另有一种传说，这些道路网和巨石建筑早在印加时代出现前就已经存在，它们都是很久之前由一个名叫维拉科查的神和他的信徒们建造的。而他们只是这些巨石建筑的使用者与南美古老文化传统的最后守护者。这位大神维拉科查，也就是库斯科太阳神庙未被毁灭之前供奉的主神。

印加人有自己的语言，但没有发明文字。印加人的记录系统叫“奎普”，这是一种用来记录重要官方信息的绳结语（结绳记事）。只有受过专业训练的抄写员才懂得“奎普”，它可能用来记录货物的数量和人数，也可能还记录历史事件。但不幸的是，随着西班牙人的入侵，这种“奎普”也早已消亡。

【片言碎语】印加文明是在南美洲西部、中安第斯山区发展起来的又一著名的印第安古代文明。它的影响范围北起哥伦比亚南部的安卡斯马约河，南到智利中部的马乌莱河，全长4800公里，东西最宽处500公里，总面积达90多万平方公里，人口超过1000万。大体说来，它包括了现今厄瓜多尔山区部分、秘鲁山区部分、玻利维亚高原地区、半个智利和阿根廷西北部。

金瓶梅的作者是谁

《金瓶梅》的作者究竟是谁？众说纷坛近400年之久，迄今仍无定论。

《金瓶梅》问世时，由于种种原因，作者并没有署上自己的真实姓名。但因此书丰富的思想内容、娴熟的艺术手法，在我国文学的发展史上，日益引起人们的注目。因此学者们对于探索它的作者问题，始终抱着很大的兴趣。从现有的各种材料记载来看，晚明就有人提出了《金瓶梅》为“某大官家中的教师绍兴老儒”、“金吾戚里门客”、“某孝廉”等所作，由于这些看法纯系传说，并未受到人们的重视。但沈德符在《万历野获编》中说过《金瓶梅》一书乃“出于嘉靖间大名士之手”的话，而研究者们一时又找不出更为确凿的材料来证明这种推测性论断的不可靠性，因此，尚能迷惑一些人。

入清以来，“嘉靖间大名士”如徐渭、卢楠、薛应旗、赵南星、李卓吾等人，都曾被假定为《金瓶梅》的作者。不过最为流行的看法，则是指嘉靖年间的大文学家王世贞。据传王世贞的父亲王忬，因献《清明上河图》的赝品，为唐顺之识破，因而得罪于权臣严嵩和严世蕃父子，最后被残害致死。王世贞为报父仇，特作小说《金瓶梅》献给严世蕃投其所好。书的内容映射严嵩父子，揭露他们的种种丑行，而书上又涂有毒药，书阅毕，严世蕃即中毒而亡。这个故事后来成了“寓意说”、“苦孝说”的根据。

1932年，山西省发现了《金瓶梅词话》。书前刻有“欣欣子序，兰陵笑笑生作，明万历四十三年”字样。它比原来的明崇祯天启年间的刻本——《绣像金瓶梅》和在康熙三十四年张竹坡根据崇祯本批点的《第一奇书金瓶梅》都早。由于这一新版本微露了作者的端倪，因而研究者们对《金瓶梅》作者的考辨更为重视。1933 年 10 月 10 日《文学季刊》创刊号上，发表了吴晗《〈金瓶梅〉的著作时代及其社会背景》一文，率先对上述旧说提出质疑。该文用严谨的史学考证方法、查阅了大量的正史、野史、笔记，以翔实的史料作依据，剖析了前人据以立论的主要根据——《清明上河图》与王世贞家族的关系，得出历史上的王世贞之父并非献假图受害，严世蕃亦非中毒身亡的结论，就有力地否定了牵强附会的“寓意说”和“苦孝说”，也否定了《金瓶梅》为王世贞所作的传统看法。吴晗还从书中大量运用的是“山东方言”这一点来看，认为王世贞虽在山东做过三年官，但要像当地土著一样使用方言写出如此巨著是不可能的。他明确提出，《金瓶梅》应为万历十年到三十年的作品，作者绝不可能是所谓的“嘉靖间大名士”。时隔不久，有不少研究者撰文支持吴晗的观点。例如，王采石在《民治月刊》第二十期上发表《王世贞未作〈金瓶梅〉之确证》，说：“《金瓶梅》叙宋代之事俱不得要领，与王世贞‘博雅’的史学修养存在矛盾。”赵景深也发表了《谈〈金瓶梅词话〉》一文，确定“笑笑生”为山东峄县人。这样，王世贞非《金瓶梅》作者，在当时似乎已成为定论。然而，“笑笑生”究竟是何人，却仍然是一个难解的谜。

解放后，特别是近年来，我国学术界关于《金瓶梅》作者的研究更趋活跃，呈现出“百家争鸣”的局面。归纳起来，大致可分为以下六说：王世贞说。有的研究者主要根据《明史·王世贞传》和《万历野获编》以及有关王世贞的身世、生平、籍贯、爱好、文学素养、社会经历、思想风貌、创作时间、生活习惯等，与《金瓶梅》全书对勘，认为作品所描写的内容与王世贞的各种情况都“很对口径”、

"王世贞的影子完全摄在《金瓶梅》中"，所以，"王世贞是最有条件写此书的作者"。李开先说。有的研究者认为，李开先的身世、生平和"对词曲等市井文学的极深的爱好和修养"等，与前人对《金瓶梅》的说法不谋而合；作品本身证明它同李开先关系密切；把《金瓶梅》和李开先的《宝剑记》作比较，就会发现有不少相同之处。所以，《金瓶梅》和《三国演义》、《水浒传》、《西游记》一样，都是在民间艺人中长期流传之后，经作家个人写定的，而这个写定者是李开先。贾三近说。有的研究者从新发现的《三希堂法帖》第一册中王羲之《快雪时晴帖》后的四篇题跋中，纠正了《万历野获编》的作者沈德符的两处错误，从而也否定了王世贞说，持此观点的人认为，以前有关《金瓶梅》作者的各种说法，都有一个共同的大破绽，即籍贯不是"兰陵"（即山东峄县）。《金瓶梅词话》序中的"兰陵笑笑生"，是峄县人无疑，而此"笑笑生"是贾三近。因为在嘉、万年间贾三近的生平经历、文学素养、世界观和精神气质、笔名和《金瓶梅》全书所反映的内容较为相符。贾三近所作《左掖漫录》当是《金瓶梅》的原稿。"吴侬"说。所谓"吴侬"，是"生长在吴语地区，或是受吴语影响较深的人"的昵称。有的研究者从《金瓶梅》书中多次运用吴语词汇这一点来证明"改定此书的作者当为一吴侬"，并不一定是山东人。还有人曾将《忠义水浒传》与《金瓶梅词话》两书进行对照，从作者所用的方言中出现了许多疑问。特别是作者对山东的地理知识，"似乎十分模糊"，说是"山东人"的可能性不大。民间艺人集体创作说。有的研究者从明人有关《金瓶梅》的记载、词话源流及书中保留的说唱文学特点的例证认为，《金瓶梅》不是哪个大名士、大文学家个人创作出来的，而是"在同一时间或不同时间里"，由许多民间艺人参加、经过多人加工整理的作品。还有人更进一步指出：在《金瓶梅词话》以前，应该有一部《金瓶梅说唱词话》，后来却把这一部《金瓶梅说唱词话》改写为《金瓶梅词话》，虽保留了词话的名称，实际上是普通小说。屠隆说。有的研究者认为《金瓶梅》成书的确切时间“当在万历十七年至二十四年间”，这样，作者定非“嘉靖间大名士”。从《金瓶梅》的内容来看，作者应是一个很不得志，看穿世事，不满现实，玩世不恭，而又做过京官，“好叙男女情欲和熟悉小说戏曲游戏文字”的人。明代万历年间文学家屠隆在《开卷一笑》中曾用过“笑笑先生”的代名，“笑笑先生”当为“笑笑生”，而“兰陵”应为江苏武进，是屠隆祖先居住过的地方。他的书斋是“婆罗馆”，正是取名于武进的古巷。从屠隆的籍贯和生活习尚看，符合着《金瓶梅》的作者条件，万历十二年，屠隆在京师正意气风发之时，被讦与西宁侯纵淫而罢官，使他看到世态的艰险，同时更纵情于诗酒声色。这种遭遇和身世以及对社会的认识，都和《金瓶梅》中所揭露、鞭挞的相一致。屠隆对人欲的看法是“既想治欲，又觉得欲根难除”，这与《金瓶梅》既“企图否定过度的淫欲”，又“不自觉地流露出赞赏”的观点也是吻合的。屠隆认为文学作品可以“善恶并采，淫雅杂存”，不必对“淫”的描写躲躲闪闪。这些都是产生《金瓶梅》的特殊思想基础。《金瓶梅》是我国古代“四大奇书”之一。对其著作权问题的各种研究，都有助于深入探讨此书的思想意义和美学意义。这对中国文学发展史的研究也是大有裨益的。

【片言碎语】《金瓶梅》是我国明代长篇世情小说，成书约在隆庆至万历年间，作者署名兰陵笑笑生。《金瓶梅》借《水浒传》中武松杀嫂一段故事为引子，通过对兼有官僚、恶霸、富商三种身份的封建时代市侩势力的代表人物西门庆及其家庭罪恶生活的描述，揭露了北宋后叶社会的黑暗和腐败，具有较深刻的认识价值。后被拍成许多同名的影视作品。

故宫为什么又叫紫禁城

故宫是世界上现存最重要的皇家宫殿群之一，是明清两代皇帝及家眷的居住地，是全国的权力中心，现在已经改为故宫博物馆。人们在参观的过程中，依稀可以感到荣耀背后权力的沉重。故宫是我们现在对它的称呼，明清时期，人们都称呼其为“紫禁城”。那么，这座历史悠久的皇家宫殿为什么会起名为“紫禁城”呢？而现在为什么又叫故宫了呢？

明清两代的皇宫在建成时，原本就叫“紫禁城”，而不是现在所说的“故宫”。说起紫禁城名字的来源，还要从天上的星星说起。中国古代天文学家曾把天上的恒星分为三垣、二十八宿和其它星座。三垣包括太微垣、紫微垣和天市垣，紫微垣在三垣中央，明亮耀眼，太微垣和天市垣陪设两旁，因而有“紫微正中”的说法。据古代天文学家的叙述，他们通过对太空天体的长期观察，发现紫微星垣居于中天，位置永恒不变。在中国古代的神话传说中，世间存在着一个至高无上的权威，即玉皇大帝，是法身无上，统驭诸天，主宰宇宙，权衡三界的“天帝”。天帝总不能在世间到处游荡，居无定所。于是，人们幻想了一个“天宫”，为天帝提供了一个日常工作和休息的地方。按照人们的理解，天宫当然应该在天空的正中央，而紫微垣正好在天的正中央，位置又一直没有变化，便成了古人心目中天宫应在的场所。因此，天帝居住的天宫也被称为“紫宫”。

历代封建王朝的统治者们都将自己喻为是“上天之子”，即“天

故宫

子”，也就是玉皇大帝的儿子。既然“天父”在天上住的是“紫宫”，那么，儿子在人间的住所也应该可以称为“紫宫”。此外，皇帝居住的皇宫四周警戒森严，有严格的宫禁，不是寻常百姓可以随便出入的，否则就是“犯禁”。因此，“紫宫”也就成了一座“禁城”，合起来称呼，就是“紫禁城”。

其实，紫微星就是北极星，二等亮星，大熊星座的主星，距离地球约 400 光年，质量约为太阳的 4 倍，是离地球最近的造父变星，即一种高亮度周期性脉动变星，也就是其亮度随时间呈周期性变化。在地球上观测，北极星的位置和亮度相对比较稳定，所以，古代的科学家们便认为它是恒久不变的，也正因为如此，北极星被人们赋予了特殊的意义。长久以来，古代天文学和古代神学的文化交融，将北极星推到了天空中最尊贵的位置。《论语·为政》载：“为政以德，譬如北辰，居其所，而众星拱之。”《观象玩占》载：“北极星在紫微宫中，一曰北辰，天之最尊星也。其纽星天之枢也。天运无穷，三光迭耀，而极星不移。故曰“居其所而众星拱之。”因此，北极星也就成了“帝星”，通过古代占卜学的演绎，命宫主星是紫微（北极星）的人就是具有帝王之相的人。现在人们知道，北极星不是恒久不变的，宇宙中的所有天体都不是静止不变的。因此，北极星在天空的位置会慢慢地靠近北天极。

受传统文化的影响，整座皇城也是按照“紫微正中”的格局而修建的，城内城，城套城，而紫禁城就建在北京城的中心。太微垣南有三颗星被人视为三座门，即端门、左掖门、右掖门，与此相应，紫禁城前面设立端门、午门，东西两侧设立左、右掖门；午门和太和门之间，有金水河蜿蜒穿过，象征着天宫中的银河；宫中的太和殿居高临下，象征天的威严；乾清宫和坤宁宫两座帝后寝宫象征天地乾坤；乾清宫东西两面的日精门和月华门象征日月争辉；东西十二宫院，象征十二星辰；十二宫院后面的数组宫阁象征群星环绕。设计者们绞尽脑汁地设计出这些象征天、地、日、月、星辰的建筑模式，从而突现皇帝“君临天下”的威严和权力。

公元1924年，冯玉祥发动“北京政变”，将清代末帝驱逐出了紫禁城。次年，在原来紫禁城的基础上建立了故宫博物馆。故宫，也就是“旧时的皇宫”的意思。由此，紫禁城作为“天子”住所的作用结束了。

【片言碎语】故宫也称紫禁城，位于北京市中心，曾居住过24个皇帝，是明清两代的皇宫，现辟为故宫博物院。院内陈列我国各个朝代的艺术珍品，是中国最丰富的文化和艺术的宝库。故宫的整个建筑金碧辉煌，庄严绚丽，被誉为世界五大宫（北京故宫、凡尔赛宫、白金汉宫、白宫、克里姆林宫）之一，并被联合国科教文组织列为“世界文化遗产”。

揭开动植物面纱

地球上还有活着的恐龙吗？

在许许多多的自然之谜中，人们经常从英国尼斯湖中可能存在蛇颈龙而进一步追问道：现在还有活着的恐龙吗？

恐龙的大家族中也充满了激烈的生存竞争。人们都熟知霸王龙是恐龙中的恶霸。这主要因为它的头就有1.5米长，血盆似的大嘴里有利剑般的牙齿，能撕裂鸭嘴龙等食草恐龙。近年来，许多科学家都认为恐爪龙是恐龙中真正的“霸王”，因为它的前后肢上都有3个镰刀形的大利爪，锋芒所向，血肉模糊。恐爪龙只有2.5米长，约1米高，但它的尾巴却像一根僵直的骨棒，可以自由地上下运动而不向两旁倾斜，这就使它动作迅速，凶猛异常。在我国四川省永川县发现的上游永川龙是另外一个类型的恐龙，其凶猛不次于霸王龙。

近些年来，对于恐龙的研究，已经由形态的描述转为对恐龙生理的探讨，其中最重要的争论就是恐龙是冷血（变温）动物还是热血（恒温）动物的争论。

以美国哈佛大学的巴克教授以及古生物学家德斯蒙德为首的一些人研究认为恐龙是热血动物。他们说动物的活动形式与热调节息息相关，恐龙与哺乳动物相同，都是完全直立的姿势，与鳄鱼完全不同，而大型的恐龙——像鸭嘴龙、剑龙、角龙等又与现代的犀牛、象等有相当近似的四肢直立的特点。因此，恐龙应该是哺乳动物。

恐龙确是一大类在生理、习性上都较高等的动物，连哺乳动物都为之逊色，因此也不是轻易能够从地球上消失的。有报道称英国尼斯湖中可能存在着蛇颈龙。蛇颈龙的样子就像一条大蛇贯穿在一只乌龟的身上，生活在1.7亿年以前的侏罗纪早期至7000万年前的白垩纪晚期的海洋中，最大的可达15米长，捕捉鱼类及其它动物。尼斯湖过去曾经与海相连，蛇颈龙曾被封闭在那里是很有可能的。但是蛇颈龙并不是恐龙，“龙”是指远古的爬行动物，鱼龙、翼龙等都不属于恐龙，所以即使真有蛇颈龙，也不能说恐龙还活着。

兽脚类恐龙

那么，除了尼斯湖以外，是否还有其它地方可以找到恐龙？在非洲的津巴布韦等地早就有发现恐龙的传说，说它曾经吞吃了河马。非洲是一个典型的古动物园，那里的气候没有发生过重大的变化，在那里的原始森林中有可能找到活着的恐龙，但迄今为止，没有一个人在那里找到过。因此，除了有一派古生物学家主张鸟类是恐龙的后代外，许多科学家都相信，恐龙的确是已经灭绝了。

至于原因，迄今仍然众说纷纭，莫衷一是。目前流行三种说法：

第一种是食物中毒说。此派的说法是：恐龙吃的蕨类、苏铁、银杏、松柏等植物都是不会开花的植物，这些植物对恐龙没有多大影响，但是在 1.2 亿年以前，真正的有花植物出现了，这些有花植物中所含的生物碱——如马钱子碱、泻花碱等具有很大的毒性。

第二种是超新星爆炸说。超新星是指人们在白天或黑夜看到的光耀夺目但旋即陨灭的星体。构成它们的星核物质的温度和密度，由于超出了星体本身容许的界限而突然爆发，并出现了散发强烈的光线、宇宙线、Y 射线和 X 射线的现象，这就是超新星爆炸。爆炸时放射出的 X 射线产生极大的能量，使地球表面上 20~80 千米厚的上部大气层加温，因此地表上刮起了大型台风和强烈的暴风，由暴风从地表卷起的高温空气在高处形成冰云，遮住阳光，已经习惯于热带生活的恐龙不耐严寒，于是就灭绝了。

第三种说法是大陆漂移说。恐龙刚出现时，生活在一块泛古陆上，泛古陆包括南部的冈瓦那古陆和北部的劳亚古陆，那里是恐龙的乐园。不料，到了侏罗纪，两块古陆开始剧烈地分离漂移，由于大陆漂移，在白垩纪晚期，气候发生了巨大的变化，气候变冷了，没有御寒装备和生理机能的恐龙终于全部灭绝了。此外，还有古地磁倒转以及大气中缺氧等理论。

可以这样说，每一种理论都有一定的道理，但又不能完全自圆其说，都有待于进一步通过实践去摸索。到底有没有活着的恐龙。现在我们只能说：在正常情况下，是不会再有活着的恐龙，因为自然环境已今非昔比了。

【片言碎语】恐龙出现在2亿年前的三迭纪晚期，到7000多万年以前的白垩纪晚期灭绝。在这漫长的岁月中，它的家族中各个支系历经盛衰，因此子孙众多，各具特色。有人以为恐龙都是庞然大物，而且都是面貌可憎、令人恐怖的，其实这是一种误解。实际上，恐龙家族中照样有“侏儒”与“巨人”之别。例如在我国云南禄丰发现的大地龙，只有公鸡那么大，而在山东莱阳发现的鹦鹉嘴龙只有现代的家猫那样大小，难怪当地的居民把鹦鹉嘴龙的化石叫做石猫。而在法国新发现的恐龙印痕证明有一种肉食性恐龙，身高还不到1米，生活习性与现生的鹭鸶差不多。这些小的恐龙大多性情温顺，惹人喜爱，并不令人望而生畏。

动物集体自杀之谜

一些动物的集体“自杀”已引起了人们的研究兴趣。它们为什么要这样的呢？

1946年10月10日，835头虎鲸凶猛地冲上了阿根廷马德普拉塔城海滨浴场，结果全部死亡。1980年6月30日上午，58条巨鲸游上澳大利亚新南威尔士州北部海岸西尔·罗克斯附近的特雷切里海滩死亡。1976年10月，在美国的科得角湾沿岸的辽阔的海滩上，有成千上万的乌鲗登岸“自杀”。

有人猜测，鲸可能是遇上了凶恶的鲨鱼或受到其它动物的威胁，仓惶逃命而蹿上了海滩；也有人认为，这可能由于鲸一时贪玩或在浅海边上找吃的，而不慎搁在海滩上，游不回去了。显然，这些理由都比较牵强。

有科学家认为，鲸“自杀”的地方，往往是海岸平坦或泥沙冲积成的海滩。这种地方，往往不能很好地将“超声波”反射回去。这就使鲸发出“超声波”后，接收回声发生困难，造成确定方向、浮测目标“失灵”，而发生“盲目行动”，冲上海滩死亡。后来，有两位美国科学家在死鲸的耳朵里，发现很多寄生虫，他们据此认为，就是这些寄生虫，影响了鲸的耳朵功能，造成了悲剧。

与鲸相反，陆上动物旅鼠曾多次集体奔入大海“自杀”。在澳大利亚昆士兰地区，曾发生过13次规模宏大的旅鼠投海“自杀”事件。这又是什么原因呢?

还有鸟群扑火“自杀”的事例。1905年的一个漆黑的夜晚，印度东北部阿萨姆邦贾廷加村的农民们迎风举着火把，进山寻找一头失踪的水牛。突然，大群大群的鸟儿向人们扑来，跌落在火把周围。它们不再飞回空中，也不愿吃东西，不到48小时，全部死去。在这里，每年都有大量的鸟群“自杀”。每当秋季风越大、雨越多的时候，到这里“自杀”的鸟也越多。令人奇怪的是，这一现象只发生在这个丛林中的小村附近，而不发生在其它地方。个中原因又是什么呢?

【片言碎语】动物有自我保护的意识，有怕死的意识，但它们思维简单，不能和人相比，人的自杀是思维支撑的结果，估计动物应该不会有这种思维能力。产生的自杀效果有可能是一种外界刺激所致，不论它们是否合群，在相同的刺激下必产生相同的行动，看似集体自杀，实为集体行动。

动物为什么要冬眠

大自然几乎是荒谬地模糊了生死之间的界限。冬眠动物中最极端的例子是北极地鼠。当阿拉斯加北部的冬季来临时，它蜷缩于地下并且变僵。这种冷血动物每隔10天到21天从濒死的状态中苏醒一次。几乎所有冬眠动物都出现这种苏醒过程。研究人员还在猜测，这种周期性的冷起动也许意味着什么？是免疫系统要清洁身体吗？

目前出现了另一种更为可能的理由：动物为了避免大脑受到不可逆转的伤害而苏醒。维也纳的动物学家埃娃·米莱西引导黄鼠穿越迷宫并借助摇杆自己取食。接着，米莱西将一半训练好的黄鼠送入控温室开始数月之久的冬眠，另一半则保持清醒。结果令人吃惊，冬眠的一组黄鼠醒来后不再具备完成任务的能力。相反，醒着的黄鼠则能轻而易举地完成。黑尔德麦尔认为，很明显，长时间让大脑处于低温之下会有导致大脑毁损的危险，所以大脑必须周期性地升温。

霍皮印第安人称当地的冬夜鹰为“睡眠鸟”，这种体重几乎不足50克的动物冬天最长可以躲藏在岩石缝隙或仙人掌下25天。在荒漠寒冷的夜晚，它们的体温可以降到5℃以下。直到大地回春阳光带来足够的温暖，昆虫嗡嗡飞舞之时，冬夜鹰才重新振翅飞向天空。这种在加利福尼亚州和亚利桑那州荒漠安家落户的小鸟是在最小的冬季“火炉”边生存的专家。这种现象叫做冬眠——长久以来被人们看作旱獭、熊和睡鼠的专长，它们要用睡眠度过约半年的冬季光阴。

新的观察证明：不仅哺乳动物，鸟类也可以将它们的活力降低到一个最低水平。除了冬夜鹰，诸如欧夜鹰、楼燕等鸟类也经常处于一种休眠状态，尽管有时只持续几小时。

生物学家最近还纠正其它一些有关动物冬眠的传统看法，维也纳大学野生动物学和生态学研究所的瓦尔特·阿诺德认为，至今被我们称作为冬眠或冻僵的现象似乎是许多动物对困境做出的相当普遍的反应。马尔堡大学生理学家格哈德·黑尔德麦尔证实，冬眠的动物种类比至今人们所知道的要多得多，而却决不限于冬季或哺乳动物。

“能量节省的秘密在于停顿。他们的大部分新陈代谢停止了”，黑尔德麦尔说。小型动物通过这种行为大概能节省多达98%的能量。它们无法再从细胞核中读取基因序列，不再合成蛋白质，整个反应链仿佛被冻结。免疫系统也在很大程度上停工。大脑中的变化尤其极端——清醒状态下大脑绝对是能量消耗大户。“脑电图上不再显示大脑的活动。”黑尔德麦尔说，这种状态在人体上被定义为脑死亡。

【片言碎语】 冬眠也叫“冬蛰”。某些动物在冬季时生命活动处于极度降低的状态，是动物对冬季外界不良环境条件（如食物缺少、寒冷）的一种适应。蝙蝠、刺猬、极地松鼠等都有冬眠习惯。冬眠是一些恒温动物（哺乳类与鸟类）在寒冷冬季其体温可降低到接近环境温度（几乎到0℃），全身呈麻痹状态，在环境温度进一步降低或升高到一定程度，或其它刺激下，其体温可迅速恢复到正常水平。

天池怪兽是怎么回事

天池怪兽，是传说中位于长白山天池中的神秘生物。天池湖面海拔2189米，水深373米，水面积9.82平方公里，积水20亿立方米，年平均气温为-7.3℃，年积雪日数达到258天，积雪最深达到3米，是中国最高最大最冷的高山湖泊。天池地处高山之巅，自然环境恶劣，四周群峰围拱，草木不生；水中有机质及浮游生物极少，没有可供大型动物生存的食物。但是近百年来，“天池怪兽”一直是天池的奇怪现象，被传说得沸沸扬扬、神乎其神，留下了许多悬念，令人费解。

从上世纪60年代到80年代，对怪兽的发现次数和记载越来越多。《长白山志》记载了1962年8月中旬，吉林省气象器材供应站的周风瀛用六倍双筒望远镜发现“天池东北角距岸边二三百米的水面上，浮出两个动物的头，前后相距二三百米，互相追逐游动，时而沉入水中，时而浮出水面。有狗头大小，黑褐色，身后留下人字形波纹。一个多小时后，此物潜入水中”。又记“1976年9月26日，延吉县老头沟桃胡公社苗圃主任老朴和苗圃工人，以及外来的解放军同志，共二、三十人，在天文峰上看见一个高约两米，像牛一样大的‘怪兽’，伏在天池的岸边休息。大家惊讶地大喊大叫起来，‘怪兽’被惊动，走进天池，游到接近天池中心处消失”。

1980年8月21日，作家雷加和几个同伴在长白山天池中发现了喇叭形的阔大划水线，“其尖端有时覆出盆大黑点，形似头部，有时又浮出拖长的梭形体，形似背部”。8 月 23 日，省气象局两位同志从山上下到天池底端，在距池边只有 30 米处，有 5 只头部和前胸昂起，头大如牛，体形如狗，嘴状如鸭，背部黑色油亮，似有棕色长毛，腔部雪白的动物。他们边喊边开枪，都未击中，“怪兽”迅速潜入水中，不见踪影，1988 年 8 月的一天上午，正在天池边巡逻的抚松县边防部队的几名战士，惊奇地发现在天池水面有一条又宽又厚的水线，并且水线很长，似有动物来回游动，持续了一个多小时……

天池怪兽的影了

1995 年 8 月，奇迹再次出现，于北坡登上天池的游人们齐声呼喊，一只怪兽钻出水面又迅速消失。这一消息立即在吉林电视台予以报道。与此同时，在西坡的抚松县边防大队的战士们曾三次发现怪兽钻出水面。这说明，怪兽出现的频率越来越高了。

长白山是座奇山，奇人奇事就多。一个“怪兽”之谜，引来了无数的解密人，一些科学家、记者、旅游、登山人，或长年累月，或昼夜不停地固守在天池水边，架起了摄像机，端举着照相机；等待着”怪兽”这一奇迹的出现。有的因高山反应，口鼻发青，严重缺氧；有的日夜守护，手脚冻坏了，得了冻疮。但这些人乐此不疲，毫不气馁，令人感动，只可惜怪兽千呼万唤难出来。

“天池怪兽”究竟有没有，有多少，怎样生存……这个谜底也许在不久会有答案吧。

【片言碎语】“天池怪兽”的形状在众说纷坛中多种多样。有的形容为方顶有角、长项多须的蛟龙，有的比喻为头大如牛、体形如狗、嘴状如鸭的怪物；有的认为是黑熊下池游泳；还有的杯疑是长白山的奇特动物堪大犴。于是，怪兽似龙，似牛，似熊，像恐龙，像人鱼等等，难以统一。为了深入探讨和研究长白山天池怪兽，揭开这个世界之谜，长白山自然保护区管理局建立了“天池怪兽”展览室，把历史的、现今的种种发现和记录全部整理公布，绘制出怪兽出现的流程曲线固，并且按照人们的描述雕塑了两只怪兽的塑像，一只像龙，金黄色，长有龙鳞；一只像牛，嘴呈鸭状。

尼斯湖怪兽之谜

与许多令人不解的现象一样，尼斯湖怪兽之谜多年以来一直困扰着我们。那么，尼斯湖怪兽到底是怎样一种动物呢？

有些著名科学家认为，由于在几亿年前尼斯湖一带原是一片茫茫的海洋，后来通过地壳运动的作用，经过多次海陆变迁，尼斯湖逐渐从海洋演变成今天的湖泊，因而尼斯湖里很可能存在一种远古动物，并且至今仍然活着，只是到目前为止人类还没有认识它罢了。虽然近100多年来，不断有人声称曾亲眼看到过这个怪兽，但至今还没有人抓住它。据那些声称见过它的人描述，它的头和脖子像蛇一样十分细长，伸出水面的部分有一米多长。而人们争论的焦点是怪兽的巨大背部，甚至有人说它不止有一个背，而是有两三个背露出水面。在怪兽突出的肋腹部上，水像瀑布似地泻下来，瞬间湖面上就会掀起一阵恶浪，之后它又迅速潜到湖底，踪影全无。

1802 年，有一个农民在尼斯湖边劳动，突然看见湖中有一只形状很奇特的巨大怪兽出现，距离他只有 45 米左右。怪兽用短而粗的鳍脚划着水，气势汹汹地向他猛游过来，吓得他慌忙逃跑。

1880 年初秋，一只游艇正在湖上行驶，突然从湖底冲出一只巨大的怪兽，它全身黑色，脑袋呈三角形，脖子细长，在湖中像一条巨龙似的昂首掀浪前进，使湖面上卷起一阵巨浪，湖中的游艇也被击沉，艇上游客无一幸免于难。这一消息轰动了当时的整个英国。同年，潜水员邓肯·莫卡唐拉为了检查一艘失事船只的残骸而潜入尼斯湖底。他潜入湖底后不久，急忙狂乱地发出信号。人们不知道发生了什么事，迅速把他从湖底拖上岸来。他说不出一句话，脸色发白，全身颤抖。平静下来之后，他才把他在湖底看到的奇迹讲述了出来：正当他检查沉船的残骸时，突然看到湖底的一块岩石上躲着一只怪兽，远远望去好像一只巨大无比的青蛙坐在那里，形状十分可怕，吓得他差点晕过去。

尼斯湖怪兽

英国有一个名叫歌尔德的海军少校对此感到十分好奇，他访问调查了 50 个曾经亲眼见到过怪兽的人，将得到的各种材料加以综合研究和推测后，描述出了怪兽的一个大概的模样：怪兽呈灰黑色，背上有两三个驼峰，身长约 15 米，颈长约 1.2 米。然而他的推测并没有科学根据，只是一种假设。英国及欧美许多国家陆续出版了一些书籍，专门介绍尼斯湖怪兽。有的印有怪兽模糊不清的彩色照片，有的附有怪兽的插图。世界各地的媒体大肆渲染，把怪兽描绘得神出鬼没，奇异莫测，活灵活现，耸人听闻。但是不久之后，就再也没人见过所谓的怪兽了，相关的讨论也逐渐平息下来。

然而到了 1933 年，尼斯湖岸上的一些修路工人再次宣称看到了这个怪兽，约翰·麦凯夫妇和兽医学者格兰特也宣称见到了这个怪兽。格兰特后来说，有一次他在经过尼斯湖边时，湖水突然翻腾，哗哗作响，然后他看见一只与别人所描述的非常相似的怪兽在湖面上游着。这只怪兽有很大的背脊，还有一个细长的脖子，既像个恐龙，又像一头大象，粗糙的皮肤上布满了皱纹。

为此，英国曾专门组成了“尼斯湖现象调查协会”，悬赏 100 万英镑，不管怪兽是死的还是活的，只要将其捉拿，都可以得到奖赏。很多人纷纷跑到尼斯湖畔，怀着碰运气的心情，日夜巡视，希望能幸运地捉住怪兽。可是怪兽却像有意戏弄人们似的，消失得无影无踪，再也不露出湖面了。

1972 年，以美国应用科学院专家赖恩斯为首的一个研究组，曾利用水下照相机，在对尼斯湖进行探险时，拍下了一个鳍脚，非常巨大。1975 年 6 月 19 日，研究组设置在尼斯湖的水下照相机拍下了几百张照片，但照片上什么也没有。当天下午 9 点 45 分，水下照相机附近出现了一个动物，但很快就消失了。由于照片中只出现了动物的极小一部分，人们无法看清楚它是什么。大约 1 个小时后，这个动物又出现了，可能由于闪光灯无法同步，总是或快或慢几分之几秒钟，照片上拍摄到的，只是一大片有黄色斑点的丑陋皮肤，同样无法弄清楚这个动物的种类。直到第二天凌晨 4 点 32 分，闪光灯及时地同步闪亮了一下，才抢拍了一个珍贵的镜头，一只活怪兽的轮廓（躯体和头部）出现在这张照片上：一个菱状躯体，一个细长的脖子成拱形地伸展着，脖子的一部分因阴影而模糊不清。最后是一个斑点，躯体上端伸出两个鳍脚，看上去似乎是一只怪兽吃惊地扑向照相机。据估计，这只怪兽大约长 6.5 米。不久，怪兽向水下照相机发起了一系列的攻击和碰撞，结果把水下照相机打翻了。

有些学者根据这张水下照片来证明尼斯湖里确实存在着怪兽。但也有一些科学家认为赖恩斯等人错误地判断了照片，因而否定这些照片；有些学者甚至认为所谓“水下照片”是赖恩斯等人制造出来的一个骗局。

长期以来，有不少学者对“尼斯湖怪兽之谜”持怀疑甚至完全否定的态度。他们认为，尼斯湖根本就没有什么怪兽，只是一种光的折射现象造成的人们视觉上的错觉。有的则认为很有可能是尼斯湖底的一些具有浮力的浆沫石，在一定条件下浮上水面，随波漂荡。由于视觉的错误，当人们站在湖岸边向远处望去，奇形怪状的浆沫石就往往被误认为是怪兽。

英国《新科学家》杂志 1982 年 8 月 5 日发表了罗伯特·克雷格（英国苏格兰一位退休电子工程师）撰写的《揭开尼斯湖怪物之谜》一文，他认为，根本不存在神秘的史前动物，只是漂浮在湖面上的古赤松树干。这种树干的形体以及它上下沉浮的现象，就使站在湖岸边的人们远远望去把它误认为是怪兽。其实，一浮一沉的古赤松树干就是人们所谓的怪兽。

虽然各界人士为了弄清尼斯湖怪兽的真面目做了各种各样的努力，但是到目前为止，还没有一个人给出的答案能令大家满意。到底尼斯湖中有没有怪兽？如果有的话，它是一种什么样的生物？一切尚无准确而可信的结论。

【片言碎语】 尼斯湖位于苏格兰北部的苏格兰大峡谷之中，它深约213~293米，长约39千米，平均宽度为1.6千米。由于它是淡水湖，终年不结冰，适宜于生物饮用，因此湖边水鸟云集，湖中鱼虾众多。在苏格兰大峡谷中有三个细长而深的湖，从西向东依次是：尼斯湖、洛奇湖和奥斯湖。本来只有尼斯湖的水通过尼斯河向东北注入默里湾，而洛奇湖、奥斯湖都通向大海，这三个湖是互不相连的。但当地人利用在地理位置上这三个湖处于同一峡谷中的同一条线上这一特点，开凿了一条名叫喀里多尼亚的运河，将大西洋一侧的洛恩湾与北海一侧的默里湾连通，把这三个湖连结了起来。

植物“吃虫”之谜

地球上很多地方都分布有食虫植物，食虫植物主要分布在热带和亚热带地区。植物“吃虫”是怎么回事儿呢？

捕蝇草是一种珍奇植物。18世纪中叶，科考人员在美洲的森林沼泽地里进行科学考察时发现了这种植物。这种植物有一个美丽的名字——孔雀捕蝇草。其叶子是长形的、厚实的，叶面上长着几根尖尖的绒毛，边缘上还有十几个轮牙。每片叶子中间有一条线，把叶子分成两半儿，可随时开合，就像开屏的孔雀一样，十分漂亮。平时，捕蝇草像张开的蚌壳一样，还有一种香甜的气味散发出来，诱惑那些贪婪而愚蠢的昆虫上钩。捕蝇草的叶子只要一经昆虫触动，就会迅速地折叠起来，边上的轮牙也互相交错咬合，虫子就被关在陷阱里，成了它的食物。它的叶子既是用来捕捉猎物的武器，又是消化器官。陷阱里会分泌出消化液，将昆虫消化掉。这个叶子就像一个“临时胃”，虫子越挣扎，叶子就夹得越紧，分泌的消化液就越多。猎物很快就被“吃完”了，然后叶子又设下新的陷阱，等待着别的虫子上钩。然而，这个漂亮的猎手一生中只有三次打猎的机会，然后就逐渐枯萎，再也不能狩猎。

在沼泽地带或潮湿的草原上生活着一种植物猎手，叫“毛毡苔”。那里繁衍着众多小虫和蚊子，它们都是毛毡苔捕捉的对象。

茅膏草是一种淡红色的小草，它的叶子大小就像一枚硬币，上面长着许多既能伸开又能合拢的绒毛。一片叶子上有 200 多根绒毛，它们像一根根纤细的手指。在绒毛的尖上有一颗闪亮的小露珠，这是绒毛分泌出来的黏液，散发出蜜一样的香味。昆虫闻到香味禁不住诱惑，就会迅速飞过来，碰到绒毛时，绒毛上吸引昆虫的黏液就会粘住昆虫。这时候

植物吃虫

绒毛就像手一样握起来，抓住昆虫，不让它跑掉。接着，绒毛又分泌出可以分解昆虫的蛋白酶。然后，茅膏草的叶细胞就把消化后的养料吸到植物体内。一切结束后，它的绒毛就又伸开了，等待着新的“猎物”，就像刚才什么也没有发生过一样。

最有代表性的食虫植物要属猪笼草。它看上去像普通的百合花或喇叭花，有的还能散发出香味，这些香味像紫罗兰或蜜糖一样吸引着昆虫的到来。它是一种生活在我国海南岛、西双版纳等地的绿色小灌木，这些地方一般有潮湿的山谷。

每片猪笼草叶子尖上，都挂着一个长长的带盖的小瓶子。由于它们很像南方运猪用的笼子，所以被称为“猪笼草”。它身上的瓶子色彩鲜艳，异常美丽，有红的、绿的、玫瑰色的，甚至还镶着紫色的斑点。而且，与别的植物猎手一样，这些瓶子能在瓶口和内壁处分泌出又香又甜的蜜汁。闻到香味，小虫子就会爬过去吃蜜。正在享受之际，小虫子的脚下突然一滑，一头栽进了瓶子里，再也爬不出来了。小瓶子里盛的是酸溜溜的黏液，被黏液粘住的小虫子便成了猪笼草的一顿美餐。

不仅陆地上有这种吃虫的植物，水里也有，比如狸藻。狸藻没有根，它漂浮在池塘的静水里。这种水草的叶子伸展开来，就像丝一样，长达 1 米。有很多扁圆形的小口袋长在它的茎上，口袋的口上有个小盖子，盖子都是向里打开的，盖子上长着能“绑”住昆虫的绒毛，口袋里能产出消化液。上千个小口袋长在一棵狸藻上，每个小口袋就像是一个小陷阱。狸藻在水里分布开来，上千个小陷阱形成一个陷阱网。小虫子不小心撞进网里，只要碰到小口袋盖上的绒毛，小口袋盖就会张开，小虫就随着水进入陷阱，小口袋很快合上，把小虫子囚禁起来。这时候，口袋的内壁分泌出消化液杀死小虫子。小口袋很快就会恢复原来的样子，等待下一个猎物的到来。

为什么这些植物要“吃”虫子呢？一些科学家认为，这也许跟它们生存的环境有关。食虫植物一般分布在贫瘠的地方，例如生长在酸性沼泽地、泥炭地上、水里、平原、丘陵或高山上。这些食虫植物居住的地方一般缺少养分和阳光。它们的生存受到威胁，但那里一般有很多昆虫，它们学会了捕食昆虫的本领，这种本领使它们能在当地生存下去。当然，这只是人们的一种猜测，很多问题现在都无法解答。比如，为什么这些植物的感觉非常灵敏？在它们体内又是怎样传递外界的刺激信息的呢？它们是否有神经系统和大脑呢？这些问题都有待于人们进一步研究。

【片言碎语】统计数据显示，地球上的食虫植物共有500种左右，其中，在我国境内约有30种。这些食虫植物“猎手”身上都具有特殊的武器，一是香饵或伪装，用来诱捕昆虫，像气味、花蜜、颜色等；二是各种陷阱；三是具有分泌消化昆虫的消化液。

神乎其神的“食人树”

在内尔科克斯塔的莫昆斯克树林中，有一块近百平方米的地方用铁丝网围住，在它边上竖着一块醒目的牌子，在木牌上赫然写着：“游人不得擅自入内。”在它旁边还立着一块巨大的木牌，那上面详细地记载着过去曾在这里发出过的不幸事件，提醒游人珍惜生命。

在这圈铁丝网中，矗立着两株巨大的樟树，它们的躯干庞大，直径足有六米多。其中一株樟树，由于生长日期久远，因此在树的底部，已经腐烂，露出一个 3 米宽、5 米高的树洞。两株樟树相距 10 米远，据专家分析，它们已经有四千多年的寿命。

1971 年 9 月，法国人吕蒙梯尔、盖拉两人带着他们的家人来莫昆斯克度假，他们几乎是年年都来内尔科克斯塔度假的，只是到莫昆斯克丛林还是第一次。

两家人到了莫昆斯克后，大人们便开始忙着安排宿营和晚餐。吕蒙梯尔去丛林拣拾干枯树木，准备烧火做饭。他的儿子欧文斯也闹着要一起去，盖拉的儿子见小伙伴要走，也嚷着要去，于是，吕蒙梯尔带着两个小家伙走了。来到丛林深处，吕蒙梯尔自己拣柴火，两个孩子却自顾自地游戏去了。

没多一会儿，吕蒙梯尔就听见两声叫喊，他听出是两个小家伙发出来的，心一紧，丢了柴火，便向发出声音的地方奔去，因为他知道非洲丛林中有许多食人猛兽出没。就在他跑出十多米远时，突然觉得自己的身体变轻了，跑起路来一点也不费力，接着他的身体居然飞了起来，而且直向前面一棵大树撞去，吕蒙梯尔双手挥舞着，大声叫道："不！不！放下我，放下我。"

"砰——"，吕蒙梯尔弹在了树上，立即昏了过去。当他醒来时，发现自己紧紧地贴在树上，无法动弹。不知什么时候，欧文斯和亚博两人已经来到他身后。对他说："脱掉衣服，否则你无法离开这棵大树的。"

他转过头来，发现自己的头和手可以动，但穿了衣服裤子的部位就不能动，再一看，儿子和亚博的衣裤正贴在树上。

欧文斯赶紧上来用刀划烂父亲的衣裤，吕蒙梯尔才从树上滑下来，最后还咒骂了树一句。吕蒙梯尔想从树上拔下衣裤来遮挡身体。没料到他刚一接触衣服，又被树木吸住，他吓了一跳，再也不敢扯那衣服就带着两个孩子回去了。

快到宿营地的时候，吕蒙梯尔对儿子说："你们先回去，你叫母亲给我带条裤子来，我总不能赤身露体地回去呀。”

两个孩子听话地回去了，不一会儿，亚博的母亲盖拉太太来了，看见吕蒙梯尔的样子又羞又惊，忙问他是怎么回事，还要让他们带她到大树那里去看一看。吕蒙梯尔连忙拒绝，说：“假如被那大树吸住的话，只有脱光了衣服才能离开那里，我们现在去，让你丈夫和我妻子菲莉看见了，那如何是好。”

于是盖拉回来后，盖拉太太硬拉着丈夫，随儿子亚博去看稀奇了。约半小时后，只见亚博惊慌失措地跑来，告诉吕蒙梯尔：“我爸爸请你快去，我母亲被吸进了一个大树洞里，请你快去帮助救我妈出来。”

十多分钟以后，盖拉赤裸裸地哭着回来了，他对吕蒙梯尔伤心地说：“我妻子死了。”盖拉说他们走到那里时，盖拉太太首先飞了起来，向一株大樟树飞去，盖拉想上前拉住妻子，却被吸到相反的方向：撞在另一棵树上。这棵树木才是吕蒙梯尔遇见的那一棵，而他太太飞向了另一棵树。

儿子亚博早有准备，他是光着身子来的，他看见母亲飞进树洞，跑去一看，里面黑乎乎的，他不敢钻进树洞救母亲，就将另一棵树上的父亲救下。盖拉忙叫儿子去告诉吕蒙梯尔一家，自己走进了树洞，里面又黑又湿，他鼓起勇气叫着妻子的名字，却没有回应。待他走到洞的深处，发现太太已经蜷成一团死去了。

吕蒙梯尔责怪盖拉为什么不脱掉他妻子的衣服，盖拉说他当时太紧张，没有想到这件事。待他俩再次来到树洞准备将盖拉太太的尸体搬出来时，哪里还有一个人影儿。

这件事传开以后，有三个年轻人争着要去体验一下，他们三男四女共七人来到莫昆斯克，罗德兹等三个男青年发现，无论如何他们也只能被吸到右边的那棵树上。其中一名叫斯兰达的青年做过一次试验，他穿上衣服，靠近左边有树洞的樟木树时，不但没有被吸入洞中，而且可以顺利地走过走出。

这个试验表明，有树洞的樟树，对衣服没有吸引力，而右边的那棵树，不管什么布料都会被吸上去。而且布料在树上停留两个小时后，就会消失的无影无踪，像被吸收了似的。因此，他们怀疑以前盖拉在撒谎。因为盖拉说，他走进洞里看见他太太死去，但没有力气将她拖出来，理由是盖拉太太穿着衣服。然而现在的试验表明，这个洞根本就不可能吸住人，而且，当吕蒙梯尔再进来时，这里根本就没有人。为了证实自己的推理的正确性，他们又做了一个实验，斯兰达穿戴整齐，贴在右边那棵会吸住人的那棵树上，两小时后，大家吃惊地看到斯兰达身上的布料像被风化了一样荡然无存，而他则完好无损地落下地来。

回到营地，他们向四名女青年添油加醋地描述他们的试验经过，逗得她们心里痒痒的，都想亲自去看看这两棵天下奇树。三名男青年见劝不住她们，又想并没有什么危险就由她们去了，只是罗德兹远远地跟在她们后面。当四个姑娘离樟树只有七八十米远的时候，罗德陡然看见四个大姑娘一齐飞了起来，她们惊叫着冲进了会吸引人的树旁边那棵有洞的樟树洞口。他大叫着“快脱衣服”，并迅速脱下自己的衣服赶去救人。

那大树洞口一下子不能同时吸进四个人，其中一个姑娘手扣住洞口，拼命地呼喊着罗德兹快去救命，罗德兹来到树前，看见姑娘的双腿和大半个身体已经被吸进洞去，只剩头和双手还在树外，但不到两秒钟，她们就再也无力抵挡被吞进了树洞。罗德兹不顾一切地冲进洞中，见四个姑娘挤在一起，还有呼吸，他迅速扒光其中一个姑娘的衣裤准备往外拖，却怎么也拖不动，待他再去摸鼻时，发现所有的姑娘都没了呼吸。而他却纳闷，怎么自己一点事也没有？等罗德兹回去叫来同伴返回洞中时，洞中却空无一人，她们不知到哪里去了，洞中只留下四对耳环和五枚戒指。三个青年回到温得和克，并向政府讲述了这件事。有人为此建议政府砍掉这两棵害人的大树，但当地政府就是舍不得，最后用铁丝将它们围起来了事。

这是多么可怕的植物啊！类似这样的文章还有不少。有的报道说这种植物就生长在印度尼西亚的爪哇岛上，有的说在南美洲亚马逊河流域的原始森林中也发现了吃人植物。由于文章中详细逼真的描写，结果使很多人都相信，在我们这个人类居住的星球上，似乎真的存在一种会吃人的植物。

吃人植物的最早传说是从哪里来的呢？科学家们查阅了大量文献资料，终于发现，有关吃人植物的最早消息来源，是来自于19世纪后期的一位德国探险家。此人名叫卡尔·里奇，他在去非洲探险归来后于1881年写过一篇探险文章，提到过吃人植物。卡尔·里奇在文章中写道："我在非洲的马达加斯加岛上，亲眼见过一种能够吃人的树木，当地的土人把它奉为神树。这种树的树干有刺，长着8片特大的叶子，每片长达4米，叶面上也有锐利的硬刺。曾经有一位土著妇女，恐怕是因为违反了部族的戒律，被许多土著人驱赶着爬上神树，接受神的惩罚。结局十分悲惨，树上的带刺大树叶，很快把那个女人紧紧地缠住，几天之后，当树叶重新打开时，一个活生生的人已经变成了一堆白骨。"

于是，世界上存在吃人植物的骇人传闻，很快就四下传开了。后来，从亚洲和南美洲的原始森林中，也传出了类似的传闻，吃人植物的消息越来越多，越传越广。

为了证实这些传闻，1971年年底，一支由南美洲科学家组成的大型探险队，专程赴马达加斯加岛考察。他们在传闻有吃人树的地区进行了一遍又一遍的仔细搜索，结果并没有发现卡尔·里奇所描述的吃人树。

除此以外，英国著名生物学家华莱士，在他走遍南洋群岛后，叙述了许多罕见的南洋热带植物，但也未曾提到过吃人植物。所以植物学家越来越倾向于认为，世界上也许根本就不存在能够吃人的植物。

【片言碎语】 吃人植物的传说，很容易使普通人信服，可是严肃认真的植物学家却对此产生了很大的怀疑。因为在所有发表的关于吃人植物的报道中，都缺少吃人植物的真凭实据，即清晰的照片或实实在在的植物标本。植物学家们决心把吃人植物的问题查个水落石出。那么，吃人植物究竟是不存在呢？还是人们没有再次发现它呢？

希腊毒蛇“朝圣”之谜

世界上虔诚的教徒千千万，有谁听过毒蛇也朝圣，且坚定执著之心丝毫不逊于人类呢？

传说很久以前，希腊有一个美丽的小岛，人们安居乐业，过着自由自在的生活。突然有一天祸从天降，一帮强盗袭击了这个岛，并不怀好意地将年轻漂亮的修女们关押起来。圣母显然明白这帮强盗的歹意，为使纯贞的修女们免遭强暴，于是就把她们都变成了毒蛇。眼看着美女变成了毒蛇，强盗们吓得落荒而逃，可是毒蛇却再也不能变回到美貌的女子了。为了报答圣母的恩德，它们每年在希腊人纪念上帝和圣母的日子，都会不约而同地到这个小岛朝圣。它们从居住地爬出来，一直爬到这个小岛上的两座教堂，最后停靠在教堂的圣像下面，像是受谁指挥似的，在这里盘结十多天后，才渐渐离去。

这种毒蛇有剧毒，被它咬了，毒性会扩散全身致死，但它们却似乎颇通人性，世代与小岛居民和平共处，从不伤害这里的居民。岛上的居民也敢触摸它们，或将它们缠绕于身上，据说这样可以驱邪治病，保佑岁岁平安。

然而，让人百思不得其解的是毒蛇朝圣的日子，为什么都选在希腊的重要节日，而它们又是怎么知道纪念上帝和圣母的日子的呢？难道教堂会在这几日发出吸引它们的特殊气味引诱它们前来？更奇怪的是前来朝圣的毒蛇头上，都有一个跟十字架极为相似的标记，难道它们会发出同类能识别的声音，让同类成群结伴来此朝圣？据说这种朝圣现象已持续了一百多年，难道毒蛇也会言传身教，教育自己的后代继续去朝圣吗？

希腊毒蛇“朝圣”

【片言碎语】希腊毒蛇“朝圣”之谜虽然至今仍未揭开，但对于蛇类成群结队聚居到一起还是有据可查的，人们发现在发情期，成千上万的蛇会涌向某一特定的地点互相纠结在一起进行争夺和完成传宗接代的工作，希腊岛上的“毒蛇朝圣”据说也是这种“恋爱盛会”的变体。不过毒蛇“朝圣”的谜底究竟为何，至今仍不得而知。

匪夷所思的蚂蚁行为

蚂蚁能生活在任何有它们生存条件的地方，是世界上抗击自然灾害最强的生物。蚂蚁有很多让人类匪夷所思的行为。

蓄奴蚁都勇猛好战。它们通过发动战争，闯入其它蚂蚁的巢穴，将其它蚂蚁的幼虫和蛹掠夺过来抚养长大，使它们最终成为自己蓄养的“奴隶”。蓄奴蚁懒得去做的如造巢、抚育幼虫、觅食、打扫卫生等种种繁重的工作，都由它们的“奴隶”去做。由于“奴隶”蚁寿命很短，为了补充“劳动力”，蓄奴蚁就会不断发生战争。

一种叫红蚁的蓄奴蚁长期过着“剥削”的生活，它们衣来伸手、饭来张口，懒惰成性，完全丧失了独立生活的能力。这种蓄奴蚁宁愿饿死也不肯自己张口取食，就算食物就在眼前也要“奴隶”蚁侍候着喂食。

蚂蚁虽小，可它们的力量却不可忽略。有人曾在非洲看见一只大老鼠不小心闯进了蚂蚁的阵营，几秒钟之内，这只大老鼠的身上就爬满了黑色的蚂蚁。一会儿工夫，只见地上血淋淋的鼠肉连续不断地被运回蚂蚁巢穴。5 小时之后，那只活蹦乱跳的大老鼠就只剩下一副骨头架子了。

在南美洲的热带丛林里，生活着很多种蚂蚁，其中最厉害、最凶猛的当属食肉游蚁了。当食肉游蚁来“拜访”人类住宅时，人们就得提防着它的攻击。尽管它们会让人心惊肉跳，但房屋一经它“光顾”，屋里的蟑螂、蝎子等害虫就会一扫而空，其效果是杀虫剂也比不了的。

在草丛里，食肉游蚁若碰上了别的动物，它们就会成群地聚集起来，群起而攻之。有人曾亲眼见到食肉游蚁遇上了一条睡在草丛里的毒蛇，它们立即把毒蛇团团围住，并逐渐缩小包围圈，然后，一些游蚁冲上去狠狠地咬住毒蛇。蛇受痛惊醒过来后，会凶狠地向四周冲撞，可是食肉游蚁并不放松，迫使它不断退缩回来。游蚁们同毒蛇扭成一团，边咬边吞食着蛇肉。几个小时之后，地下就只剩下一条细长的蛇骨架了。

蚂蚁非常聪明，其自身有一种化学信息素会在蚁群的集体行动中发挥出神奇的作用。搬运食物时，它们会散发出气味，形成一条“气味走廊”。它们还能发出警戒激素，接收到这种警戒激素的蚁群就会做好防卫或逃离的准备。

有一次，几只蚂蚁一起抬出了一只强壮的蚂蚁。这只蚂蚁一次一次地爬回到蚁巢里，但很快又被蚁群一次一次地抬出洞外。这是怎么回事呢？原来，那只蚂蚁身上沾上了死蚂蚁的气味，回巢后，引起了蚁群的误会，蚂蚁可不允许洞内有“死亡气味”，也不管你是死是活。于是，众蚂蚁把它当做死尸抬出洞外，不管它如何挣扎，直到它身上的那种气味完全消失了，才被允许回巢。

夏日里，人们常常能看到成群的蚂蚁在一起混战，一直杀得天昏地暗。蚂蚁为什么这样好战呢？原来，不同窝的蚂蚁身上都有一种独特的“窝味”，能分辨出对方是不是“自家人”。如果不是，就有可能厮杀起来。如果其它同窝的蚂蚁看见了，就会立即赶来增援，一场血腥“大战”就这样开场了。有趣的是，如果去掉正在拼杀的蚂蚁身上的“窝味”，它们便会相安无事地走开。如果同窝的一只蚂蚁身上沾上香料后回到窝中，那么同窝的同伴马上会把它当做异己分子驱赶出去。

人们还发现了一个有趣的现象，蚂蚁经常会跟在蚜虫后面。经过研究后才知道，蚜虫在蚂蚁触角的按摩下，会分泌出“乳汁”。担任“运输工”的蚂蚁就会从伙伴手中接过乳汁，运回巢中。在蚂蚁的按摩下，有些蚜虫能不断分泌蜜滴。例如，一只椴树蚜虫能分泌23毫克的蜜汁，超过自身体重的好几倍。

最大的黑树蚁“嗉囊”的平均容量为2立方毫米，而褐圃蚁只有0.81立方毫米，全体“搬运工”要将5升蜜滴运回蚁穴就必须往返数百万次。负责按摩的“挤奶员”占蚁群总数的15%~20%，它们平均每天要“挤”25次“奶”。一棵老树根上大约有2万个黑树蚁家庭营巢，它们能在一个夏天得到寄生在豆科植物上的蚜虫分泌的高达5107立方厘米的“奶汁”。

为了保证蚜虫的生活，蚂蚁会不惜花费大力气来修建“牧场”。在聚集大量蚜虫的枝条的两端，它们用黏土垒成土坝，形成一个牧场，土坝上开的两道缺口就是牧场的“入口”和“出口”。为避免有“小偷”混入，两边”拱门”都会有蚂蚁重兵把守。当“牧场”的蚜虫繁殖过多时，蚂蚁就会把多余的蚜虫转移到新的地方。为了保护和抢夺蚜虫，不同家族的蚁群经常会展开战争。

令人费解的是，没有蚂蚁的地方绝对找不到斯托马菲奈夫蚜虫。蚂蚁甚至会把蚜虫的越冬卵也保存在蚁穴里，像照顾自己的孩子一样照顾着虫卵。春天，蚂蚁会把从卵中孵化出的小蚜虫小心翼翼地护送到幼嫩的树梢上。

更让科学家感到惊讶的是，有的蚂蚁还会种蘑菇，这就是生活在南美的一种切叶蚁。

切叶蚁整天在枝叶繁茂的大树上爬来爬去，如果相中了哪一棵果树，它们就会用大颚切光满树的叶子，只剩下光秃秃的树干。所以，果农们对这些破坏树木的家伙讨厌极了。不过，切叶蚁并不喜欢吃树叶，而是把切碎的叶子搬回蚁巢，再用大颚将碎叶反复嚼成碎屑，堆入一间间的“蘑菇房”，还在其上排泄粪便并用来栽培蘑菇。

不久，碎叶堆里就会长出一种小型蘑菇。等蘑菇长大后，切叶蚁咬破蘑菇的顶部吸吮破口处分泌出来的黏液，这种黏液就是切叶蚁的第一道菜。蘑菇的表面积聚了很多蛋白质，会慢慢变得黏稠，这些蛋白质就是切叶蚁的第二道菜。有趣的是，年轻的雌性切叶蚁会在自己的“嗉囊”里装上蘑菇碎片去为自己另辟新家。雌蚁们在新家里种下带有孢子的碎蘑菇，孢子萌发后又会长出新蘑菇。

让人不可思议的是，这种小蘑菇只有在切叶蚁的蚁穴中才能看到。如果没有切叶蚁的帮助，它们肯定早就绝种了。看来，切叶蚁完全可以申请“种植专利权”了。

【片言碎语】科学家们发现，生活在南美洲的蓄奴蚁竟然是靠掠夺、蓄养奴隶为生的，它们就像是奴隶主那样实行王国统治。蓄奴蚁是一种非常强悍的蚂蚁，它们没有兵蚁、工蚁之分，几乎所有的工蚁都变成了兵蚁。

植物睡眠之谜

植物睡眠在植物生理学中被称为睡眠运动。它不仅是一种有趣的自然现象，而且是个科学之谜。

每逢晴朗的夜晚，我们只要细心观察，就会发现一些植物已发生了奇妙的变化。比如常见的合欢树，它的叶子由许多小羽片组合而成，在白天舒展而又平坦，一到夜幕降临，那无数小羽片就成双成对地折合关闭，好像被手碰过的含羞草。

有时，我们在野外还可以看到一种开紫色小花、长着 3 片小叶的红三叶草，白天有阳光时，每个叶柄上的叶子都舒展在空中，但到了傍晚，3 片小叶就闭合起来，垂着头准备睡觉。花生也是一种爱睡觉的植物，它的叶子从傍晚开始，便慢慢地向上关闭，表示要睡觉了。以上所举实例仅是一些常见的例子，事实上，会睡觉的植物还有很多很多，如醉浆草、白屈菜、羊角豆等。

不仅植物的叶子有睡眠要求，就连娇柔艳丽的花朵也需要睡眠。生长在水面的睡莲花，每当旭日东升之时，它那美丽的花瓣就慢慢舒展开来，似乎刚从梦境中苏醒，而当夕阳西下时，它又闭拢花瓣，重新进入睡眠状态。由于它这种“昼醒夜睡”的规律性特别明显，故而得此“睡莲”芳名。

植物睡眠

各种各样的花儿，睡眠的姿态也各不相同。蒲公英在入睡时，所有的花瓣都向上竖起闭合，看上去像一个黄色的鸡毛掸子。胡萝卜的花则垂下来，像正在打瞌睡的小老头。

植物的睡眠运动会给它自身带来什么好处呢？最近几十年，科学家们围绕着这个问题，展开了广泛的研究。最早发现植物睡眠运动的人，是英国著名的生物学家达尔文。100 多年前，他在研究植物生长行为的过程中，曾对 69 种植物的夜间活动进行了长期观察，发现一些积满露水的叶片，因为承受到水珠的重量而运动不便，往往比其它能自由运动的叶片容易受伤。后来他又用人为的方法把叶片固定住，也得到相类似的结果。达尔文虽然无法直接测量叶片的温度，但他断定，叶片的睡眠运动对植物生长极有好处，也许主要是为了保护叶片抵御夜晚的寒冷。

达尔文的说法似乎有一定道理，但缺乏足够的证据，所以一直没有引起人们的重视。20 世纪 60 年代，随着植物生理学的快速发展，科学家们开始深入研究植物的睡眠运动，并提出了不少解释理论。最初，解释植物睡眠运动的最广泛的理论是“月光理论”。提出这个论点的科学家认为，叶子的睡眠运动能使植物尽量少地遭受月光的侵害。因为过多的月光照射，可能干扰植物正常的光周期机制，损害植物对昼夜变化的适应。然而，使人们感到迷惑不解的是，为什么许多没有光周期现象的热带植物，同样也会出现睡眠运动，这 点用“月光理论”是无法解释的。

后来科学家又发现，有些植物的睡眠运动并不受温度和光强度的控制，而是由于叶柄基部一些细胞的膨压变化引起的。如合欢树、酢浆草、红三叶草等，通过叶子在夜间的闭合，可以减少热量的散失和水分的蒸发，尤其是合欢树，叶子不仅仅在夜晚关闭睡眠，当遭遇大风大雨时，也会逐渐合拢，以防柔嫩的叶片受到暴风雨的摧残。这种保护性的反应是对环境的一种适应。

科学家们提出一个又一个观点，但都未能有一个圆满的解释。正当科学家们感到困惑的时候，美国科学家恩瑞特在进行了一系列有趣的实验后提出了一个新的解释。他用一根灵敏的温度探测针在夜间测量多种植物叶片的温度，结果发现，呈水平方向（不进行睡眠运动）叶子的温度，总比垂直方向（进行睡眠运动）叶子的温度要低 1℃左右。恩瑞特认为，正是这仅仅 1℃的微小温度差异，成为阻止或减缓叶子生长的重要因素。因此，在相同的环境中，能进行睡眠运动的植物生长速度较快，与其它不能进行睡眠运动的植物相比，它们具有更强的生存竞争能力。

【片言碎语】科学家还发现了植物睡眠的有意思的事：植物竟与人一样也有午睡的习惯。原来，植物的午睡是指中午大约11时至下午2时，叶子的气孔关闭，光合作用明显减缓这一现象。科学家认为，植物午睡主要是由于大气环境的干燥和炎热引起的，午睡是植物在长期进化过程中形成的一种抗衡干旱的本能，为的是减少水分散失，以便在不良环境下生存。

植物自卫之谜

植物在遇害时能不能像某些动物那样奋起自卫？不少科学家正想方设法对此作出令人满意的答复。

1970年，美国阿拉斯加州的原始森林中野兔横行，它们疯狂地啃食嫩芽、破坏树根，严重威胁植物的生存。人们绞尽脑汁围捕野兔，但收效不大。就在这时，奇迹出现了，野兔们集体闹起肚子，死的死，逃的逃，几个月后森林中再也见不到它们的踪迹。原来，兔子啃过的植物重新长出的芽、叶中产生了大量叫“萜烯”的化学物质，野兔吃了它，厄运就降临了。1981年，同样的事情再度重演。一种叫舞毒蛾的害虫袭击美国东部的橡树林，400亿平方米的橡树叶子在短短的时间内被啃得精光。严重的灾情使林学家们感到一筹莫展，因为对付舞毒蛾这种危害强烈的害虫，任何措施都无济于事。可奇迹又

出现了，植物的“自卫”使橡树林在遭灾一年后又恢复了青春。橡树叶的化学成分分析表明，虫咬前叶子所含的单宁酸并不多，被舞毒蛾噬咬后，橡树叶中单宁酸含量大增。它一旦跟害虫胃内的蛋白质结合，舞毒蛾就很难消化橡树叶，变得病病恹恹的，或一命呜呼，或被鸟类啄食。

英国植物学家厄金·豪克伊亚发现白桦树和枫树也会“自卫”：受到害虫进攻后，几小时或几天内就能生成酚类、树脂等杀虫物质。有趣的是，美国科学家还发现，受害的柳树、糖槭等植物会通过散发挥发性物质，向远处的伙伴发出入侵的警报，及时通知同类做好集体自卫的准备。

【片言碎语】 植物既无神经，也无意识，它们是如何感受到害虫侵袭的？又是如何适时调整，合成对自身无害、而对害虫却有威胁的化学物质的？它们又是如何发出和接收入侵“警报”的？这些至今还是难解的谜。

植物听音乐之谜

有些植物不仅有表现音乐的才能，能够“唱”出不同旋律的“歌”，而且它们还是音乐爱好者，爱听和谐悦耳的“交响乐”。

科学家发现这个秘密后，于是设想：能不能让农作物听音乐，来促进农作物的增产呢？试验证明这是可能的。法国一位园艺家将耳机套在一个西红柿上，让它每天“欣赏”3 小时的音乐，结果这个西红柿长到2.5公斤，创造了世界纪录。法国国家研究中心的科学家用超声波培植蔬菜，蔬菜在超声波的“乐曲”声中“闻歌起舞”，生长速度增加1倍以上。前苏联和英国的科学家也用超声波种出了25公斤重的大萝卜和27公斤重的卷心菜。在我国，科学家也曾用超声波处理桔梗等中草药种子，发芽率普遍提高了2至4倍。

超声波为什么会促进农作物生长？科学家初步认为，超声波能够加速植物的光合作用，促进细胞分裂，从而加快植物的生长速度。如果这个奥秘完全揭开，人们就可以通过某种途径，满足农作物对“音乐”的需求，来达到农作物增产的目的。甚至能在培育农作物优良品种方面，开辟一条“捷径”。

研究表明：音乐是一种有节奏的弹性机械波，它的能量在介质中传播时，会产生一些化学效应和热效应。音乐对植物细胞产生刺激后，会促使细胞内的养分受到声波振荡而分解，并让它们能在植物体内更有效地输送和吸收。这一切都有助于植物的生长发育并使它增产。

【片言碎语】我国一些科学家通过研究发现：在一般情况下，苹果树中的养料输送速度是每小时平均几厘米；在和谐的钢琴曲刺激下，速度提高到了每小时一米以上。科学家还发现，适当的声波刺激会加速细胞的分裂，分裂快了自然就长得快，长得大。

植物长生不老之谜

在世界各地，到处可见年龄达数百、数千岁的老树，世界上寿命最长的植物——水杉，可以活4000年以上，在美国，甚至有成片的长寿林。而在动物界，即使是被视为长寿象征的乌龟，也顶多能活几百岁。人类的寿命就更短了。为什么植物的寿命远比动物的长呢？

人有年龄，那么树木呢？树有年轮。树在锯倒之后，从树墩上可以看到许多同心轮纹，一般每年形成一轮，故称“年轮”。年轮是怎么形成的？它又是怎样把大自然的变化记录在身的呢？

在春天撒下牵牛花的种子，到了夏天便会盛开花朵并结出种子，入秋之后立即枯萎。依此看来，牵牛花的寿命只有半年。如果把萌芽的牵牛花一直放在暗处使它照不到光线，它就会在刚刚长出双子叶还没有抽蔓时就开花结果，进而枯萎。这时，它的寿命只有短短几个星期而已。但是，如果把牵牛花移入温室，一到夜晚就点亮电灯保持光亮，它将始终不会开花，而是一个劲儿地伸蔓长叶，持续生长好几年。由此看来，牵牛花好像可以”随意”改变一生的长度，没有固定的寿命。

人类或者动物，只要是相同的物种，都会以大致相同的速度成长，性成熟，产子，随年龄的渐增而老化，最后以既定的寿命结束一生。但是，植物却能够在一生的各个阶段休眠一阵子：比如冬天停止代谢，春天再开始生长。从同一棵草木上同时掉落地面的多粒种子，有的第二年立刻发芽，有的则躲在地下休眠数年乃至数十年，有些种子甚至经过几百年之后才发芽。据报道，中国科学家曾发现埋藏2000多年的古莲子。更令人惊奇的是，在人工培育下，这些古代的种子竟然还发芽开花了。

植物和动物都靠繁衍子孙而使生命延续。动物的繁殖需要精子和卵子的结合，即使是“克隆”也需要有卵细胞或者胚胎细胞的参与。而植物却可以借助自身细胞（单细胞）来繁殖，它不停地分裂，“永不死亡”。森林火灾常常把漫山遍野的植物烧成一片惨状，但一到次年的春天，烧焦的树干上可重见稀稀疏疏的新绿。1963年，英国的史基瓦德切下一小块胡萝卜放在培养液中，不久，胡萝卜块中有不少细胞游离出来，将这些细胞放到培养基上，细胞开始繁殖，在试管中长成整个的胡萝卜。史基瓦德首次证明了构成植物体的每一个细胞都具有再度发展成新个体的能力，这也许就是植物长寿的奥秘所在吧。

【片言碎语】 从生命的起源来看，植物与动物有共同的祖先，但后来为什么会有如此之大的差别呢？植物究竟为什么会如此长寿呢？也许当这个秘密被揭开的时候，人类也就掌握了延长自身寿命的秘密。

巨菜谷之谜

我们常常会在电影或者书中看到对未来世界的描述，在未来世界的农场里长着有圆桌面那么大的西瓜、篮球那么大的土豆等，也自然会对这些奇观羡慕不已，但也只能把这当成是一种美好的理想，却从来没有想象过在现实世界中会有这么大的西瓜和土豆，因为这不符合植物生长的自然规律。不过，正所谓大千世界，无奇不有，在美国的阿拉斯加州安哥罗东北部的麦坦纳加山谷和苏联濒临太平洋的萨哈林岛(即库页岛)，这两个神奇的地方就具有这种化腐朽为神奇的能力。据一本科学杂志介绍，那里的蔬菜长得异常硕大，土豆长得像篮球那么大，一个白萝卜可以重达20多千克，红萝卜有20厘米粗、约35厘米长，卷心菜平均有30多千克重，豌豆和大豆能长到2米高，牧草也高得可以没过骑马者的头顶。由于这个地方所有的植物都长得非常高大，所以被人称作是“巨菜谷”。

为什么这里的植物可以长得这么巨大呢？这也是科学家们迫切想弄清楚的问题。从“巨菜谷”被发现的那天起，科学家们就开始了对这一反常现象的研究。一开始，有人怀疑这不过是一些特殊品种的蔬菜，但经过考察研究，却发现并非如此，这些都是一些普通蔬菜。因为科学家曾做过实验，把外地的蔬菜籽拿到这两个地方，只要经过几代繁衍，也会长得出奇地高大。但反过来，如果把那里的植物移往他处，不出两年就退化成普通的植物。这种离奇的现象让科学家们百思不得其解。

为了解开这个谜团，科学家们做了更为深入细致的研究，也各自提出了不同的解释。有的科学家认为，这是由于这两个地方都处在高纬度地带，夏季日照时间长，所以这里的植物能够吸收到特别充足的阳光，这就刺激了它们的生长激素，导致它们变态性地生长。但是，这种解释是经不起仔细推敲的。因为，还有很多地方和这两个地方处于相同的纬度，但在这些地方却并未发现有如此高大的同类植物。因此，又有科学家提出观点认为，这种奇怪现象是由于悬殊的日夜温差起作用的结果，骤冷骤热的日夜温差破坏了植物的生长系统，使得它们疯狂生长。但这种解释和前一种观点有同样的漏洞，即它也同样无法解释为什么有类似气候条件的其它地方却没有这一奇异现象。

巨莱谷的马铃薯

这种现象让我们想起了中国古代晏子的那句名言，“橘生淮南则为橘，生于淮北则为枳。”难道真的是水土的原因吗？于是科学家们的关注点从对植物的研究转到对土壤的研究。有科学家提出了这样一个假设，认为这可能是富饶的土质或者土中有什么特别的刺激生长的物质起作用的结果。为了验证这种假设，科学家们对这里的土壤进行了实地化验，但化验的结果却提供不出可用以说明这里土质特殊的资料和数据。

以上几种观点都有自己的破绽，都不能自圆其说，所以有些科学家认为起作用的并不是一种原因，而是上述各种综合因素导致的。其它地方虽然和这两处地方处于同一纬度，但却由于不具备如此巧合的几方面条件，所以生长不出这样高大的蔬菜和植物。这种观点比起前几种观点要完善得多，似乎可以让人接受，但是又一个问题出现了：它无法解释为什么萨哈林的荞麦在欧洲第一年可以照样长得巨大。种种假设都被人们考察的结果无情地否定了，关于这个问题的研究似乎无法再深入下去了，因此一直没有取得什么实质性的进展。

近些年，一些生物家注意到有一种寄生在植物幼芽上的细菌会分泌一种赤霉素，这种植物激素具有促使植物神速生长的奇效。这个发现给长期被这个问题困扰的科学家带来了一丝曙光。他们据此认为，这两个地方的巨型植物的出现，可能是某种适宜于当地环境的微生物的功劳，于是他们又开始了对这种特殊的微生物的寻找工作。但直到今天，仍然没有查清究竟是哪种微生物在起作用。

【片言碎语】越来越多的科学家到现场做过考察，也做过种种解释，但始终没有一种说法能把这里出现的奇迹解释清楚。这至今仍是一个无法揭开的谜，还需要更进一步的探索。

沉睡的历史宝藏

赤城山的黄金藏于何处

赤城山盛贮黄金大约是19世纪万延元年的事。当时日本政权由幕府控制，世界银行金银兑率为1:15，而日本仅仅为1:3，国内存有的黄金便大量外流。由于“硬通货”的剧烈流失，不利于当局储备财产及加强军备。幕府最高执政官“大老”井伊直弼便以储备军费的名义，亲自控制赤城山整个黄金储藏计划。

赤城山被选为黄金储库，原因有四：（1）它是德川幕府为数较少的直辖领地之一；（2）它属德川幕府的“根据地”，易于保守机密；（3）地理的优势。它的四周是延绵起伏的高山，乃是一个易守难攻的所在地；（4）它是德川幕府垮台之时全线崩溃的最后凭借之地。其实当时中下层武士业已立意打倒幕府统治而实行革新。

1860年3月3日，正当井伊秘密藏金之际，改革派武士便将其刺死在江户（今东京）的樱田门外。他死后，属下小栗上野介和林大学头继续执行埋金计划。直到 19 世纪 60 年代末，倒幕派取得胜利，属于幕府的江户时代宣告结束。

1868 年 7 月，明治天皇出掌大权，改江户为东京，赤山城的藏金秘密遂成一个世纪之谜。据埋金计划执行人之一玉总兵卫在其所著《上野国埋藏理由略述书》记载，这批鲜为人知的作为军费而埋藏的黄金总数有些眉目：当时从江户运出了 360 万两黄金；小粟上野介的仆人中岛藏人，在遗言中又说到还曾从御金藏中运出 24 万两黄金，加上其它的金制品，总共藏储量达 400 万两之巨。

100 多年来，有不少探宝者妄图一夜之间成为巨富，纷纷到赤城山考察。明治三十七年即 1905 年，岛追老夫妇有幸在此捡了几个装有黄金的木樽；昭和三十七年又有 57 枚日本古时纯金薄片在一次修路过程中被发现。证实这些椭圆形的金片为古币，其实要算水野一家祖宗三代。第一人水野智义是中岛藏人的义子，中岛藏人临终前曾告诉他，赤城山藏有德川幕府的黄金，藏宝点与古水井有关。于是，水野智义便萌发了寻找赤城山黄金的信念。他变卖家产筹款 16 万日元，开始调查藏宝内幕，他雇了七八十人，运来极其沉重的油樽 22 个，重物 30 捆，在此处逗留近 1 年。他们秘密地分工行动，不少当事人是幕府的死囚，完工后即被杀以灭口。

赤城山

后来，水野智义在 1890 年 5 月从一口水井北面 30 米的地下挖出了德川家康的纯金像，推测金像是作为 400 万两黄金的守护神下葬的。

不久，又在一座寺庙地基下挖出了水野智义认为是埋宝地指示图的 3 枚铜板，但它们所含之谜却无人读懂。昭和八年四月，水野智义发现一只巨型人造龟。这就是第一代水野为之奋斗一生的收获。

第二代水野爱三郎子继父业，在人造龟龟头下发现一空洞，洞内有五色岩层，不知是自然层还是人为造成。

第三代水野智子进一步在全国了解有关赤城山黄金的传说，他与人合作利用所谓特异功能来寻宝。但收获甚微。水野家三代在赤城山的发掘坑道总长 22 公里，却仍没有寻到藏金点。

向水野三代这种半盲目的脑力与体力提出挑战的是高技术的运用。有人用最新金属探知机在水野家挖的坑道内发现有金属反应，经分析此处地层内又极难存在天然金属，有可能是德川的藏金所在。但由于其地质松软，要挖掘需要有强力支撑物，只能暂时作罢。

【片言碎语】由于迄今未挖掘出黄金，有人便断言藏金之事未必可靠。事实上藏金是有可能的。德川幕府时期的江户南北两灯奉行所这种小单位都存有 1 万两黄金，更不用说幕府了；另外幕府若无雄厚财力哪能维持庞大的军费开支？那么这些资产哪里去了呢？总不能不翼而飞了吧？

赫氏堡的宝藏

赫氏堡是有史以来最豪华的私人住宅，是上个世纪20年代美国传媒巨人威廉·伦道夫·赫斯特的私人城堡。

每个成功人士都想修建一座梦想中的住宅，赫斯特也一样，1919年他开始构思修建一座举世无双的私人城堡。赫氏堡建在距洛杉矶360公里的圣西蒙。这里从太平洋边开始到桑塔露西亚山，4万英亩的土地都是赫家的私产。那广袤的草场，绵延的山丘，举目可望的海景，在赫斯特心中有不可替代的位置。到1919年，当他能够实现城堡之梦时，便毫不犹豫地选择了此地作为基址。

赫氏堡是由朱莉亚·摩根设计的，她是世界上最早从事建筑设计的女性之一。不过精通艺术的赫斯特在施工的同时给予摩根很多建议，其中大部分是关于如何将几千件古董收藏填进房间而又不显突兀，好像那些古董几百年来一直在那里一样。

1925年的圣诞节，尽管还有一些房间没能完工，赫斯特一家正式搬进了城堡。随后著名的艺术家、文学家、好莱坞明星、政客、将军们纷纷被邀请到赫氏堡做客，剧作家萧伯纳参观完赫氏堡以后感慨地说："如果上帝有钱，他大约也会为自己修建这样的住所。"

赫氏堡的豪华超越所有人的想象，因为其中的艺术珍品是无价的。赫斯特一生酷爱收藏艺术品，家具、挂毯、绘画、雕塑、壁炉、天花板、楼梯，甚至整个房间都是他的收藏对象。他的收藏大多布置在城堡的房间内供人欣赏和使用，丝毫没有将藏品作为投资以期升值

赫氏堡

等功利思想。因为有了这些艺术品，整个城堡平添了浓浓的艺术气息和典雅的风韵。

赫氏堡的主楼共有 115 个房间，计有卧室 42 间，起居室 19 间，浴室 61 间，2 个图书室，1 个厨房，1 个弹子房，1 个电影厅，1 个聚会厅，1 间大餐厅。此外还有 3 栋独立的客房，整个山庄共有房间 165 间。位于城堡主入口处的室外游泳池叫海王池。按照萧伯纳的逻辑，海王爷本人游泳的地方一定比这儿差远了。泳池长 32 米，深 1 米到 3 米，所蓄的 1300 吨水是从山上引来的泉水。池边散落着几尊希腊罗马神话传说中的人物雕像，全部是艺术珍品。室内游泳池叫罗马池，是世界最豪华的泳池。墙壁、池底、岸边、跳台等用了 1500 万块在威尼斯制造的玻璃马赛克拼贴表面。金色的玻璃马赛克表面贴的是一层真金。单是生产这些马赛克就花了 1 年 3 个月的时间，整个泳池的修建则历时 3 年。

城堡中的大图书室是专为客人们布置的。那里收藏的手稿、绝版书、善本书全部是世所罕见。书柜顶和书桌上放置的是公元前2世纪到8世纪希腊的陶罐，书桌和扶手椅是核桃木的古董。曾经让来做客的邱吉尔声称自己可以足不出户在该图书室待好几个月。

整座城堡只有一个餐厅，餐厅内的布置是赫斯特的骄傲。进入餐厅你会以为自己到了天主教堂或修道院。餐厅墙上挂的是16世纪法国佛兰德壁毯，椅子是14世纪西班牙唱诗班的长椅，天花板是17世纪意大利的木制天花板，上面雕刻的圣徒像比真人还大。房间尽头的大壁炉可以容下三四个人而丝毫不用弯腰低头，也不拥挤。壁炉上挂的一排旗帜是16世纪意大利锡耶那城举行宗教赛马活动时胜利者的旗子。桌上银制的餐具和烛台是17到19世纪英国、西班牙、法国等地的精品。赫斯特热爱动物，赫氏堡所在的牧场上建有一个动物园，是全球最大的私人动物园。赫斯特也热爱自然，修建赫氏堡时，有许多大橡树挡住了路，赫斯特宁肯花几千美元将树移走，也不愿简单地将它们伐掉。

光是修建赫氏堡的花费就高达1000万美元，这在当时相当于一个国王的身家。如果计算上所有古董和艺术品的价值，谁也说不清赫氏堡到底值多少钱。赫斯特去世后他的儿子们决定将城堡捐赠给加州政府，使整个产业得以向公众开放，让世人共同领略迷人山庄的魅力。

【片言碎语】在赫斯特事业的巅峰时期，他拥有两座矿山，数不清的地产，26家报纸，13家全国性刊物，8家广播电台和许多其它新闻媒体事业。当时赫斯特每天能赚5万美元，这个数字相当于现在的500万美元。

罗本古拉珍宝

关于罗本古拉的财宝，有人曾作过统计，按照现在的价值，至少在1亿英镑以上。这么多的珍宝是怎么回事呢?

罗西古拉是非洲南部祖鲁的分支马塔贝勒的最后一个国王，19世纪末，欧洲的白人踏上了这块土地，罗本古拉以友好的态度接待了这批来自远方的客人”。他把寻矿的特许权送给了白人特使，允许他们在他的辖地内勘探矿藏。开始，寻矿特许权的获得者答应一旦得到在特殊地区进行勘探的协议书和文件，就付给罗本古拉国王大笔现金。罗本古拉开始以为他同白人的交易是在平等进行的，但不久他就发现，白人的欲望根本就无法得到满足。英国殖民者罗得斯在当地贵族的帮助下，开始有计划、有预谋地对罗本古拉的财宝进行掠夺。

1893年发生了马塔贝勒战争，英国政府想乘机将罗本古拉“监护”起来。十分聪明的罗本古拉在英国人这一阴谋还没有付诸实施以前，携带着他的财宝，驾着马车踏上了艰难的生存之路。跟随他的有他的9个妻子、一个巫师、一个私人顾问和几名部落成员。他们想去寻找新的居住地点，远远躲开白人的骚扰，去过平静的生活。

可是白人统治者始终不肯放过罗本古拉，不断派出小分队来袭击他，白人的出发点很明确，一是想追回罗本古拉带走的那笔财宝，二是想通过控制罗本古拉本人，达到控制马塔贝勒人的目的。罗本古拉想摆脱白人的袭击，便派出一名特使，带着100英镑重的黄金，前去跟白人谈判，寻求和平。可是惨无人道的白人却把特使给杀了，黄金也被抢走了。而这时，罗本古拉也死了。

罗本古拉死于1894年，得的是猩红热病。按照马塔贝勒人的习俗，将罗本古拉生前积攒下来的珍宝，作为陪葬品一同埋于地下。他的巫医精心选择了墓地，然后又让军队防守在周围，当埋藏工作完成后，便把挖墓穴的那些士兵全部杀死，葬在国王墓穴的周围，继续守卫国王的灵魂。巫医还传下咒语，诅咒那些胆敢挖掘盗窃国王坟墓的人。接着他又把知道墓穴的所有人都带到一个指定的地方，由其部落成员将他们全部处死。到最后，知道墓穴确切地址的只剩下巫医一个人了。英国在罗得西亚的代理机构决心要找到这一藏宝地点。接下来发生了英国人同当地的布尔人之间的英布战争，寻宝工作不得不停下来。战争结束后，英国人接管了这一地区。有一个名叫李波尔特的英国少校，在详细审查德国军官的档案时，发现了一个很细小的方形叠纸，打开叠纸，看到上面有一幅草图、一些账目表和一系列运输费用，还有一些像是密码性质的东西。经过计算，李波尔特发现，图上标明的地区并不在德国人的控制范围。尤其令李波尔特不解的是图上的那些密码。因为没有别的可供参考的东西，他只好把这些东西放到一边，等到再有一些更为详细的线索之后，再来进一步研究。不久，李波尔特跟随着斯马特斯将军参加了东非战役。

在战争期间，有一次，他在审讯德国人新招募来的两名非洲新兵时，得知这两个人是在战争之前带着一支德国小分队进入罗得西亚的。他们说，德国人让他们去找一个国王待过的地方，他们就只知道这些。过了不长时间，李波尔特去罗得西亚执行任务。他到了罗得西亚以后，从残存下来的马塔贝勒人口中听说了罗本古拉的事情，知道了罗本古拉是怎么死的，以及被埋藏的财宝等等。罗本古拉死后4年，巫医也死去了，他的儿子把他的尸体埋在了好望角。那些想得到罗本古拉财宝的人，又把兴趣转移到了他的头上。

英国殖民者为了从巫医的儿子口中得到有关罗本古拉财宝的秘密，便把他关进了监狱。他在监狱里装疯卖傻，才在一个传教士的保护下获得了释放。第一次世界大战结束后不久，李波尔特作为政府观察员返回非洲占领地。他随身携带着德国人的有关档案，终于弄明白了上次没有解开的密码。这个密码，为找到罗本古拉的财宝提供了一些线索，他开始全面调查这笔财宝。李波尔特经过反复琢磨，把藏宝地点限制在方圆 30 千米之内。李波尔特组织了一个规模不大的探险队，招募了一些当地的马塔贝勒人充当搬运工和挖掘工。可是当这些当地民工知道了他们要干什么的时候，一古脑儿都跑了。

这一次探宝失败了。但李波尔特并不气馁，两年以后，他从西南非洲又带来了一批民工，新的一次发掘又开始了。埋宝之地是一片灌木丛，那里非常宁静，没有莺鸣鸟唱，没有兽动虫行，总而言之，这里没有任何生命的迹象。民工们放下沉重的担子，脸上露出恐怖的神态，一些人手握着手并排地站着，周围一片异常，让人有一种莫名其妙的恐惧感。李波尔特怀着紧张的心情，独自走上前去，看到了并列着的线条标记，他拨开表层的土壤，触到了坚硬的石头。但这时候李波尔特产生了一种不祥之感。当晚睡觉时，他梦见了一大群苍蝇在嗡嗡飞叫，这在当地的迷信说法，是死亡的征兆，真是让人不可思议。挖掘工作第二天就开始了。可是当他们挖到两个护卫亡灵的断脚骷髅时，工作进行不下去了，因为民工说什么也不愿意干下去了，他们都想回家。当知道他们没有地图和向导根本无法回去时，他们才不得已留了下来。可是就在这天晚上，李波尔特的一个助手在离居住地 500 米之外的地方被一头雄狮吃掉了。这件事发生之后，民工们再也无心工作下去了，他们在天亮之前，就离开了那个神秘的地方。

好奇心极强的李波尔特在 3 年后，又一次来到了那个地方，这次他带来了不同的魔法和护身符。当第一次出现令人恐怖的信号时，他环绕着那个地方用这些护身符做了几次仪式，来安慰他的队员。但事故还是发生了，一个Y型深沟非常奇怪地出现了塌方，压死了10个人。谁也弄不明白这个深沟为什么会发生塌方。同时，李波尔特也得了很重的心脏病，接着又发烧卧床不起。到了1934年，当李波尔特再一次准备去找宝时，新的麻烦又出现了。因为他的行动已经公之于众，想要从中分成的人把他给包围了起来。葡萄牙人声称，因为财宝是在属于他们的土地上，他们理应得到财宝的50%；德比尔斯矿产公司要75%，因为他们认为这些钻石和金块是从他们矿山上偷走的；伦敦教区社团要50%，因为这些财宝是属于马塔贝勒人的，而他们自认为是这个民族的托管人。

李波尔特认为，这么多的公司来纠缠着他，这大概是那些神秘的咒语在起作用，接下来要做的只有一件事，那就是把那些深沟平掉，恢复原来的模样。可是，就在李波尔特毁掉那些图纸，把那块宝地平复如初的第二年，又有两位德国人在柏林发现了一个德国文件集，在那里找到了与罗本古拉财宝有关的材料，他们又沿着李波尔特的同样路线到南非去寻宝。可他们怎么也没有找到李波尔特曾经到过的地方。从那以后，再也没有人发现或找到罗本古拉藏宝的地方。

【片言碎语】 罗本古拉是非洲南部祖鲁族的分支马塔贝勒的最后一个国王。马塔贝勒人主要生活在今津巴布韦境内的赞比亚河和林波波河之间，精通冶炼金属的技术，制出了许多金银和财宝。罗本古拉还拥有一支强大的军队，这支军队频繁对外作战，也为罗本古拉赢得了大批财富，罗本古拉积累了天文数字的财宝。他的巨额财宝至今仍安卧在地下一个神秘的地方，对这笔财宝，许多探险家进行着十分顽强的努力，但由于恶劣的自然环境和某种神秘因素，罗本古拉的财宝仍未被发现。

丹漠洞遗址宝藏

爱尔兰的基尔肯尼郡是一个风光旖旎的地方，也是爱尔兰最重要的旅游城市之一。每年都有数以十万计的游客来到基尔肯尼，他们必定参观的地方是丹漠洞遗址。

丹漠洞被称为爱尔兰最黑暗的地方，因为这个洞穴记录了一次惨无人道的大屠杀。公元 928 年，挪威海盗来到爱尔兰，对基尔肯尼附近一带进行洗劫。当时居住在丹漠洞附近的居民为了逃命，在海盗袭来的前几个小时集体躲到洞中。丹漠洞是一个巨大的溶洞，洞里地形复杂，有连串的小洞穴一一相连，避难的人认为这是绝佳的藏身之地。他们幻想海盗抢完能抢的东西后就会离开。然而丹漠洞的入口太过明显，海盗很快发现了洞中藏人的秘密，一场血腥的大屠杀开始了。海盗进入洞里，把发现的所有人都杀死，估计有 1000 多人，然后守在洞口半个月，没有当场被杀死的人后来都因感染而死或者饿死了。

在之后将近 1000 年的时间里，丹漠洞成了爱尔兰的“地狱入口”，再没有一个人敢进入洞中。直到 1940 年，一群考古学家对丹漠洞进行考察，仅仅在一个小洞穴里就发现 44 具骸骨，多半是妇女和老人的，甚至还有未出世的胎儿的骨骼。骸骨证实了丹漠洞曾经的悲剧，1973 年这里被定为爱尔兰国家博物馆，每年迎接无数游客前来纪念那些惨遭屠杀的人。

然而，丹漠洞的故事到这里还没有结束。1999 年，一个导游的

丹漠洞遗址

偶然发现证实，这里不仅是黑暗历史的纪念馆，沉默的洞穴中还隐藏了永恒的宝藏。

1999 年冬天，一个导游准备打扫卫生，因为寒冷的冬季是旅游淡季，丹漠洞将关闭一段时间。他准备仔细清理游客留下的垃圾，所以去了很多平时根本不会去的洞穴。在一个离主路很远的小洞里，导游突然看到一块绿色的“纸片”粘在洞壁上，他以为那是一张废纸。走上前去，赫然发现那根本不是什么纸片，而是什么东西从洞壁的狭缝中发出闪闪绿光。导游用手指往外抠，结果抠出一个镶嵌着绿宝石的银镯子！

诚实的导游马上将发现报告政府，在接下来的 3 个月里，爱尔兰国家博物馆的工作人员从那个狭缝中挖出了几千枚古钱币，一些银条、金条和首饰，另外还有几百枚银制纽扣。这些东西应该是当时躲藏的人随身携带的。也许为了让财物更安全，他们把值钱的东西集中然后藏在一个隐蔽小洞里，甚至把衣服上的银纽扣都解了下来。海盗之所以屠杀所有的人，也许和没能发现这些财宝有关。由于在潮湿的洞里待了1000多年，挖出来的东西都失去了金属原有的夺目光彩。国家博物馆的几十个专家工作了几个月才让所有艺术品和钱币重现光彩。

【片言碎语】丹漠洞遗址宝藏是爱尔兰最重要的宝藏，被收藏在国家博物馆，一直没有完全对外展示过。虽然宝物数量不是很多，但其历史价值和考古价值远远超过其本身价值。考古人员说，有一些工艺品和纽扣的样式十分古怪，在所有和海盗有关的文物中都是独一无二的。在丹漠洞中被杀害的人现在可以安息了，他们为之丧命的财宝现在成了爱尔兰的国宝，将永远聆听世人的惊叹和赞美。

陨石收藏之谜

天上掉馅饼是不太可能的，但是从天上掉下和黄金一样值钱的东西却有可能，那就是很多人都想不到的陨石。

罗伯特·黑格有双重身份，一方面是加州大学洛杉矶分校的教授，另一方面是全球最权威的陨石收藏家。从23岁起，黑格就开始收集陨石，当时还没有人意识到那是可以卖钱的好东西。到现在为止，黑格拥有的陨石成为世界上最大的私人陨石收藏。虽然自1990年起，也有其它人进入这个行当，但从实力和收藏规模来说还没有人能和黑格相比。最初黑格收集陨石只是出于兴趣，但后来他发现陨石因为稀有而珍贵，也可以卖好价钱。现在在专业的陨石市场上，贵的价格为每克超过 8 美元，几乎和黄金价格一样。就算最一般的每公斤也在 30 美元左右。如果是含有稀有金属的陨石，那么价格就难以计量了。

黑格收集陨石的经历很像电影《夺宝奇兵》的情节，充满惊险、刺激和传奇色彩。为了寻找从天而降的财富，他的足迹遍及地球上除南极以外的所有大陆。在智利、纳米比亚、澳大利亚、墨西哥和埃及，他都有在旷野中九死一生的经历。只要美国航天航空局预报什么地方什么时候将会有流星雨，他都会在准确的时间赶到那里。无论在什么地方，无论搭乘什么交通工具。除了自己寻找陨石，他还向当地人收购，当地人只要找到陨石，不论大小，黑格都会用现金收购。1992 年，黑格在阿根廷以重金收购了一块重达 37 吨的陨石，那是他一生中看到的最大的陨石。但是在把陨石运出海关时，阿根廷政府以走私罪罪名将他逮捕，认为这块罕见的陨石归阿根廷国家所有。后来黑格被释放了，但陨石被永远留在了阿根廷。

没有流星雨的时候，黑格也会自己搜寻陨石。他主要在非洲的沙漠地带搜寻，因为那里的陨石从来没被人捡走。黑格驾驶着滑翔降落软翼机在沙漠上方 120 米的高处慢慢飞翔，只要看到有突出物就降落，然后用金属探测器搜索。一般人认为这样无异于大海捞针，不过黑格 20 多年来在沙漠中发现的陨石占他私人收藏的相当一部分。

目前，黑格的陨石收藏按市场价计算已经超过 3000 万美元，随着越来越多人开始收集陨石，他的收藏只会成倍地增值。

【片言碎语】陨石是地球以外未燃尽的宇宙流星脱离原有运行轨道或成碎块散落到地球或其它行星表面的石质的、铁质的或是石铁混合物质，也称“陨星”。大多数陨石来自小行星带，小部分来自月球和火星。

西藩王的墓室

西藩墓室的发现是整个西半球最辉煌的墓葬文物发现，被喻为新大陆的“图特卡蒙墓”。

西藩墓室是被盗墓者发现的。1987年前后，国际文物黑市上频频出现显然是来自秘鲁，但是绝对不属于印加文明的文物。敏感的考古学家阿尔瓦博士意识到这些独特的文物表明很可能又有一个重要遗迹被盗了。他和助手火速赶到秘鲁北部奇科拉约附近，一边询问一边搜寻，终于在1988年发现了西藩墓室。西藩墓隐藏在一个山谷里，位置很隐秘，周围没有任何显著标志，几乎可以说是很卑微，这成为它一直没有被打扰的原因。墓的入口已经被盗墓者打开，整个墓由大小几十个墓室组成，豪华的墓室和丰富的陪葬品让阿尔瓦博士目瞪口呆。

为了继续保护文物不被盗窃，阿尔瓦博士固执地坚持住在墓里，守住入口直到秘鲁国家文物局的官员到达。当地的农民憎恨阿尔瓦断了他们的财路，在洞口威胁说要把他杀死。幸运的是，文物最终被保护。在之后的挖掘工作中，阿尔瓦博士挖到了密封的、从未被进入的西藩主墓室，他因此也成为世界考古史上的明星。

西藩是古代莫切人的一位帝王。莫切人生活在公元100年到700年之间，后来被印加人征服。一直以来印加文明是秘鲁古代文明的中心，很难想象在莫切人的古迹中却发现了令印加文物都黯然失色的宝贝。

西藩的墓室里摆满了琳琅满目的陪葬品，西藩的尸骨放在墓室的最中间，他的手中抓着一个重达0.5公斤、纯金制成的小铲子。他的头上和前胸覆盖着华丽的金制面具，他手臂的骨骼上挂满精美的首饰，就连他的尸体周围都堆满了的数不清的首饰和工艺品。西藩似乎想把生前收集到的所有财富都带到来生的世界里去。这些还不算全部，最夸张的是，西藩的四周有几十具陪葬者的尸体，他们中有年轻的女人、侍卫、仆人，而这些人的尸体上无一不是堆满了金银制成的首饰。整个墓穴中，死者的骸骨只是点缀在一堆金银珠宝中的星星白色。阿尔瓦博士说，之前在文物黑市上看到的东西简直没法和西藩墓室中的发现相比，如果盗墓者先发现主墓室，那么后果不堪设想。

【片言碎语】秘鲁是南美文明古国，境内古文化遗址密布。在秘鲁发现的伟大遗迹有很多，比如说马丘比丘。但是绝大多数遗址都没有宝藏遗留。一方面是因为当时的殖民宗主国西班牙在秘鲁境内翻得底朝天，大部分财宝都被掠夺走了。另一方面，秘鲁民间盗窃文物的现象极为猖獗。

霍克森钱币

英格兰萨福克郡有一个名叫霍克森的小村庄。村子里的人都以务农为生，他们的生活宁静且平淡。但是1992年11月16日，这种宁静和平淡被打破。霍克森历史上最重要的一天到来了，这个村庄因为一份宝藏被意外发现而名噪全球。

艾瑞克·劳斯是霍克森的一个普通农民。1992年的11月，他打算把自己的住宅改装，为此好朋友和邻居都前来帮忙。11月15日，屋子的装修工程结束了，但一个朋友却告知劳斯自己的锤子不见了。劳斯从不愿占别人便宜，因此在院子里整整找了一天，但一无所获。他猜想锤子可能被埋到了地下，于是16日一早，他买了一个金属探测器，继续在院子里寻找。到了中午，金属探测器突然发出警报声，劳斯以为发现锤子了，开始在院子里挖起来，可挖到50厘米深的地方时还没有东西。劳斯并没有打算放弃，随着坑越挖越深，探测器发出的声音亦越来越大。在挖到差不多1.5米深的地方时，一枚银币突然跳了出来。仔细一看，这是一枚古罗马时代的银币，虽然金属已经严重变色，但古罗马帝王头像的浮雕还清晰可见。劳斯继续挖掘，接下来的情景让他一辈子都忘不掉——呈现在他眼前的是一堆古罗马银币，中间夹杂着不少闪闪发光的金币，偶尔还有银制的汤匙和小艺术品，他挖到了一个地下宝藏。

劳斯马上停止挖掘，并向萨福克郡文物管理委员会报告了发现。文物管理委员会的成员以最快速度赶到劳斯家。经过专业人士一天的挖掘，所有宝物都重见天日。其中有 14191 枚银币、565 枚金币、24 枚铜币、一些工艺品、首饰和金块。

所有金币都是纯度超过 99%的九分七币（一种古罗马金币的专称），在公元 394 年到公元 405 年之间铸造。全部金币来自 13 个不同的造币厂，从出厂到埋入地下都只有不到 50 年的流通时间，所以保存得格外完好。在一般文物市场上，这种金币是很罕见的，就算有，价格也高得吓人。而一下子发现 565 枚这样的金币在历史上还是第一次。

除了古罗马钱币以外，霍克森宝藏里还有超过 79 个银汤匙，20 多个银烛台，一些银制的小雕像和 29 件纯金制成的、做工精细的首饰。

霍克森钱币

这些首饰上镶嵌的宝石在被埋藏之前都已经被撬下来，或许宝藏的主人觉得宝石价值高而且容易携带。另外宝藏中还有令人瞠目结舌的重达 250 公斤的纯金块。

在被发现后的第三天，霍克森宝藏被运到英国国家博物馆，在众多顶级考古专家专业目光的审视下它依然灿烂夺目。据考古专家研究，这是历史上古罗马钱币最集中的一次发现，也是英格兰历史上最重要的一次文物发现。宝藏的主人在紧急情况下把它们埋入地下，希望在一段时间以后重新取回，当时是公元 440 年左右。不知道是什么原因，或许是主人意外死亡，或许是他无法再找到埋藏财宝的准确位置，霍克森宝藏一直被埋藏至今。考古学家分析宝藏的主人生前地位一定显赫，可能突然遭遇变故。不过是到现在为止，他的身份还是一个谜。

【片言碎语】 目前霍克森宝藏被收藏在英国国家博物馆里，为此博物馆支付了125万英镑给宝藏的发现者劳斯。虽然这些钱和宝藏的价值根本无法相比，但是劳斯很满足，他说就算一分钱都没有，他也不会后悔。宝藏的发现也为小村庄带来意外之财，很多人涌进村庄寻宝，金属探测器成为最畅销的商品。

俄罗斯钻石库

古代帝王总希望自己的统治能够绵延至永远，就像钻石一样坚固而恒久。这或许就是俄国沙皇彼得大帝开始收集钻石和珠宝的原因。

18世纪初，彼得大帝颁布了一道保护珍宝的专项命令，要求国人不准随便变卖室中的珍贵珠宝和首饰，在一定重量以上的钻石和珠宝必须由皇家收购。另外彼得大帝还在世界范围内搜索钻石珠宝，很多小国得知他的心头所好都把本国最好的珠宝亲手献上，希望因此得到庇护和福祉。

彼得大帝在自己居住的圣彼得堡东宫内修建了一座神秘建筑物，所有收集到的珠宝都被珍藏在里面，世人称之为钻石库。彼得大帝之后，最痴迷于收集珠宝的是女皇叶卡捷琳娜二世。如果世界上每个女人都爱钻石，那么最爱钻石的女人就是叶卡捷琳娜二世。她对钻石的痴迷达到几近疯狂的程度，每天都佩戴价值连城的钻饰，而且花样经常翻新。她对钻石切割和镶嵌的工艺要求极高，俄国历史上最出色的钻石切割专家就是在叶卡捷琳娜二世时期出现的。曾经有个皇宫卫士壮着胆子称赞女皇的钻饰漂亮，他就被升官至侍卫总管。大小官员于是都把进献钻石当成最直接的升官途径。一次女皇过生日，结果在收到的上万件生日礼物中有超过一半是钻石。女皇的钻石不仅镶嵌成首饰，就连她日常用的东西都要镶满钻石。她有一本 17 世纪的《圣经》，银制的封面上就镶嵌了 3017 颗钻石。

在几代皇室不停收集下，俄国的钻石库成为珍贵钻石最集中的地方，其中光世界前 10 位的大钻石就有 3 颗。

最出名的是"奥尔洛夫"钻石，这是目前世界第三大钻石，重 189.62 克拉。17 世纪初，在印度戈尔康达的钻石砂矿中发现一粒重 309 克拉的钻石原石，根据当时印度国王的旨意，一位钻石加工专家拟把它加工成玫瑰花模样，但未能如愿，使重量损失不少 (仅磨出 189.62 克拉)。这颗美妙绝伦的钻石后来做了印度塞林伽神庙中婆罗门神像的眼珠。

1739 年，印度被波斯国王攻占之后，这颗钻石又被装饰在波斯国王宝座之上。之后钻石被盗，落入一位亚美尼亚人手中。1767 年，亚美尼亚人把钻石存入了阿姆斯特丹一家银行。1772 年钻石又被转手卖给了俄国御前珠宝匠伊万。伊万于 1773 年以 40 万卢布的价格又把钻石卖给了奥尔洛夫伯爵。同年，奥尔洛夫伯爵把钻石命名为"奥尔洛夫"，并把它奉献给叶卡捷琳娜二世作为她命名日的礼物。尔后"奥尔洛夫"被焊进一只雕花纯银座里，镶在了俄罗斯权杖顶端。有着传奇经历的钻饰使权杖的威严令人震慑，"奥尔洛夫"成为钻石库中最重要的藏品之一。

除了"奥尔洛夫"之外，钻石库中世界级的钻石还有很多。"保罗一世"重 130.35 克拉，这颗紫红色美钻曾经镶嵌在印度皇冠的中央，后来被彼得大帝拥有。“波斯沙皇”重 99.52 克拉，曾镶嵌在波斯国王的王冠上，后来被为沙皇文狄拥有。“沙赫”虽然只重 88.7 克拉，但是它是世界上惟一一颗刻字的大钻石。钻石最初也是在印度被发现的，先后被两位印度国王拥有，然后辗转到波斯国王手中。钻石的 3 个晶面上分别刻有 3 个国王的名字，每次转手到新主人手中，都会被刻上新主人的名字。要知道钻石极为坚硬，要想在上面刻字难度惊人。宝石工匠从钻石上磨下一些极细的粉末，再用尖尖的细棍蘸取这种粉末给这颗钻石刻字。3 次刻字之后，“沙赫”的重量从发现时的 95 克拉变为 88.7 克拉。1829 年，俄国驻波斯大使被人刺死，沙皇威胁要报复。为了平息沙皇的怒火，波斯王子霍斯列夫·密尔查率代表团到圣彼得堡谢罪。王子送给沙皇一件宝物，就是这颗饱经沧桑的“沙赫”。它的价值在当时看来相当于两个国家之间的一场战争。此后，“沙赫”一直保存在俄国。

单颗巨大钻石已经令世人惊叹，更何况由几千颗钻石镶嵌成的。流光溢彩的大皇冠简直是钻石的荟萃。它是 1762 年由宫廷珠宝匠为叶卡捷琳娜二世加冕而专门制作的，上面十几颗最重要的钻石分别是从当时欧洲国王的王冠上拆下来的。工匠在皇冠上镶嵌了 4936 颗钻石，共重 2858 克拉，整个王冠重 1907 克。皇冠顶端是世界上最重的尖晶石，重 398.72 克拉。长期以来宝石专家都认为这是一颗红宝石，后来才发现原来是稀有的尖晶石。目前这颗尖晶石是俄罗斯“必须保护的七颗宝石”之一，值得一提的是，它还是俄国人以 2672 金卢布从北京购买的呢。

钻石库的珍宝现在已经无法用市场价格来衡量，它成为俄罗斯国家财富的象征，但即便是皇室珍宝，也有流离坎坷的时候。1914 年第一次世界大战爆发后，沙皇立即下令把这些珍宝从东宫转移到莫斯科克林姆林宫。在转移途中，由于走漏消息有很大一部分珠宝流失。据一种说法，大约 75%的零散钻石和宝石流入民间。

二战时，俄国也流失了相当一部分珍宝，其中有号称“天字第一号珠宝盒”的琥珀大厅。1711年，普鲁士国王弗雷德里克一世下令建造一个琥珀室。琥珀室呈方形，占地约200平方米，共享了6吨琥珀，上面饰满了钻石、绿宝石和红宝石。它的价值不仅表现在财富的惊人集中，而且还是一件巴洛克艺术的杰作。5年后，弗雷德里克一世的儿子威廉一世皇帝为了庆祝普鲁士与俄国结盟，将琥珀室送给彼得大帝，彼得大帝将琥珀室收入钻石库。18世纪中叶，叶卡捷琳娜二世命令工匠对这座大厅进行装修，琥珀室成为一个富丽堂皇的大厅，变成了琥珀厅。1770年修饰最终完成时，大厅华丽得让人眼花缭乱，565枝蜡烛照亮整个大厅，烛光洒在珠宝上流光四射，令人目眩神驰……1941年秋天，侵略苏联的德军占领了原叶卡捷琳娜二世的皇宫。希特勒下令将琥珀大厅拆散，把它们装入27个柳条箱运回德国，安放克罗列维茨市（即今天的加里宁格勒）。1943年，战局急转直下。大厅重新落入苏军之手，琥珀厅又被德国人拆卸装箱，分别藏在条顿骑士城堡和附近的防空洞里。1944年8月，盟军轰炸克罗列维茨市，将条顿骑士城堡夷为平地。从此，琥珀厅下落不明。现在无数的寻宝人在找寻琥珀大厅，但至今仍没有消息。

【片言碎语】保留下来的钻石库在克林姆林宫的地下室里尘封了8年。1922年前苏联国家委员会对这些珍宝作了鉴定，并决定由国家珍宝馆保存，现在由俄罗斯国家贵重金属宝石管理委员会管理。虽然遗失了不少珍宝，但钻石库里还有25300多克拉的钻石、1700克拉大颗粒蓝宝石、2600克拉小粒蓝宝石、2600克拉红宝石和许多又大又圆的优质精美珍珠。

可可岛的宝藏

著名的小说《金银岛》，据说就是以太平洋的可可岛作为背景的。这个荒凉的小岛是被许多寻宝人彻底搜寻过的一个藏宝地点。

1821年以前，利马是南美洲西班牙殖民者的活动中心。秘鲁民族英雄玻里瓦领导的革命军即将攻入利马，利马的西班牙总督将掠夺的金条银砖、财宝玉器送上“玛丽”号双桅船，准备运往西班牙。

船长汤普森财迷心窍，遂生邪念，半路上把西班牙总督杀死，并将宝藏全部藏在可可岛的一处山洞内。这位船长一直没有机会回去取走这些宝藏，在1844年去世。

幸运的是，这位船长留下了一张藏宝图。图中暗示，夕阳西照下有一陡峰会映出一只鹰影，财宝即藏于鹰影与夕阳中间的一个有十字架标志的洞穴中。

有关藏宝的资料和秘密被一代代地相传，使之增添了更多的神秘色彩。许多探险者花费毕生精力，几次三番地去岛上探寻，先后有近千支寻宝队登上这个岛寻宝，但都无功而返。

1978年，哥斯达黎加政府以挖宝会破坏生态环境为由，封闭了可可岛，禁止任何人挖掘。至今汤普森将巨宝藏于何处仍是一个不解之谜。

【片言碎语】 可可岛位于距哥斯达黎加海岸300英里的海中，方圆30平方公里，岛的四周暗礁林立，东部有60~180米高的悬岩峭壁，形成天然屏障，是17世纪海盗的休息站。

夜明珠的秘密

夜明珠在我国古代民间又名叫“夜光璧”、“夜光石”、“放光石”，相传是世界上极为罕见的夜间能发出强烈光芒的奇宝。近年来一些科学家则认为它们可能是几种特殊的宝石矿物。

据传说，1900年，八国联军入侵中国。慈禧太后为了博得侵略者的欢心，将自己珍藏的四颗夜明珠作为信物，派遣一个小宫女送给侵略者。这个小宫女不愿把奇宝送给外国侵略者，她非常气愤地暗藏宝物于民间，当时谁也不知道她的去向。

几十年后，在西安发现了四颗明珠，经郭沫若同志考证，这正是失踪了几十年之久的慈禧太后珍藏过的四颗夜明珠。据说，把这四颗夜明珠放在抽屉里，“晚上进屋未开灯，一拉抽屉即见满屋放出耀眼的白光”。

夜明珠究竟是一种什么样性质的奇宝？古今中外的说法颇不一致。据一些专家考证，夜明珠并不是像某些人所吹嘘的那样神秘，而是几种特殊的矿物或岩石，经过人们加工后才变成圆珠形。

为什么夜明珠在夜间会发出强烈而又绮丽的亮光呢？一些宝石学家认为，因为在夜明珠的萤石成分中混入了硫化砷，钻石中混入了碳氢化合物。白天，这两种物质能发出“激化”，到晚上再释放出能量，变成美丽的夜光，并且能在一定的时间内持续发光，甚至永久发光。以上也只是一种推测而已。

夜明珠

夜明珠还有许多奥秘，至今还没有被专家们了解，也成了不解之谜。

【片言碎语】我国民间流传的“夜明珠”，都有着奇异的发旋光性能，能在无光的环境中发出各种色泽的晶莹光辉。“夜明珠”在中国5000年文明史中是最具神秘色彩，最为稀有，最为珍贵的珍宝，并为皇权私有。“夜明珠”有着很深厚的历史底蕴和文化内涵。

匈奴王的宝藏在哪里

在欧亚大陆北部广袤的草原上曾经生活着一个游牧民族一匈奴人。他们自公元370年侵入欧洲东南部，在70余年间以旋风般的速度劫掠了几乎整个欧洲，并建立起一个庞大的军事政权。

匈奴人在给予欧洲第一次沉重打击之后，便停留在多瑙河沿岸一带，以匈牙利平原为中心，在中欧地区建立了一个匈奴帝国。入侵欧洲的匈奴王阿提拉是匈奴最伟大的统治者。阿提拉时期的匈奴帝国是匈奴征服史上最辉煌的篇章。

公元452年，阿提拉经过休养生息，死灰复燃，入侵意大利，劫掠包括阿奎莱亚、帕塔维翁、维罗纳、布雷西亚、贝加莫、米兰在内的许多城市。由于天灾和瘟疫，这才迫使匈奴大军的铁蹄未能踏平整个亚平宁半岛。

阿提拉在连年征战中，每踏平一个城市，都要抢掠大批的金银财宝。到公元5世纪中叶，匈奴帝国已成为横跨欧亚两洲的当时世界上最豪富的大帝国，匈奴王阿提拉也是世界上拥有最大权势与最多财富的人。有人统计，在这近十年里，仅东罗马上贡给匈奴王的黄金就达21000磅之多。由于匈奴人一直保持着游牧民族的习惯，不事建筑，没有更多的开支，而阿提拉又有收藏珍宝的嗜好，因此匈奴人从各地掠夺来的金银和珍宝大多保持着原有的形态。“匈奴王的珍宝”早已是闻名于世的一笔巨大财富。而且阿提拉厉行严酷的专制制度，其臣

匈奴王的金头饰

民稍有不合其意者即遭严惩。因此在匈奴王国内部，他的珍宝除他本人和极少数亲信之外，根本无人敢过问，更无人知晓其所在。

然而，令人难以置信的是，一年之后，阿提拉在新婚之夜突然死去。据说是来自东罗马的新娘给他暗下了毒药。他死之后，匈奴人把所有参与埋葬阿提拉遗体和宝藏的工人全部处死，没有给后世留下一个活口。世人都不知道阿提拉的坟墓在什么地方，也不知道他那巨额的珍宝藏在哪里。

此后匈奴帝国一蹶不振，渐渐沦落灭亡。但是，一个有关阿提拉的陵墓和宝藏的故事却渐渐流传开来。人们传说，在东欧平原的某个不为人知的偏僻山区，隐藏着阿提拉的秘密墓穴，而举世闻名的匈奴王的宝藏，就埋藏在那地下墓穴之中。但是，它又埋藏在哪儿呢？

【片言碎语】据历史记载，阿提拉虽表面粗野，但内心却被多年的外交、政治和军事角逐磨炼得十分细腻。阿提拉为人狡诈，野心勃勃，其残暴凶狠程度使整个欧洲都在他面前发抖。他的兵锋杀到哪里，哪里就意味着血流成河。欧洲人称他为“上帝的鞭子”，把他看成是专门来惩罚人类的煞星。

沉睡海底的黄金船队

1702年，西班牙历史上著名的“黄金船队”在大西洋维哥湾被人击沉，从而留下探宝史上一大遗案。

那时，西班牙财政困窘，一支由17艘大帆船组成的庞大船队遵命载着从秘鲁和墨西哥掠夺的金银珠宝火速运回西班牙，其间将经过一段最危险的海域，在6月的一天，正当“黄金船队”驶到亚速尔群岛海面时，突然一支英、荷联合舰队拦住去路，这支150艘战舰组成的舰队迫使“黄金船队”驶往维哥湾躲避。

面对强敌的包围，唯一而且最好的办法是从船上卸下财宝，从陆地运往西班牙首都马德里，但偏偏当局有个奇怪的规定：凡从南美运来的东西必须首先到塞维利亚市验收。显然不能违令从船上卸下珍宝，侥幸的是在皇后玛丽·德萨瓦的特别命令下，国王和皇后的金银珠宝被卸下，改从陆地运往马德里。

在被围困了一个月后，英、荷联军约3万人在鲁克海军上将指挥下对维哥湾发起猛攻，3115门重炮的轰击，摧毁了炮台和障碍栅，西班牙守军全线崩溃，由于联军被眼前无数珍宝所激奋，战斗进展迅速，港湾很快沦陷，此时“黄金船队”总司令贝拉斯科绝望了，他下令烧毁运载金银珠宝的船只，瞬时间，维哥湾成为一片火海，除几艘帆船被英、荷联军及时俘获外，绝大多数葬身海底。

这批财宝究竟有多少？据被俘的西班牙海军上将恰孔估计：约有4000~5000辆马车的黄金珠宝沉入了海底。尽管英国人冒险多次潜入海下，也仅捞上很少的战利品。于是，这批宝藏强烈吸引着无数寻宝者。从此，在近 1000 海里的海底，出现了一批批冒险家的身影，他们有的捞起已空空如也的沉船，有的却得到了纯绿宝石、紫水晶、珍珠、黑琥珀等珠宝翡翠，有的仍用现代化技术和工具继续寻觅。随着岁月推移，风浪海潮已使宝藏蒙上厚厚泥沙，众多传闻又使宝藏增添了几分神秘，无疑给冒险带来了太多的麻烦。

不幸的是那部分由陆地运往马德里的财宝，在途中有一部分被强盗抢走。这部分约 1500 辆马车的黄金，据说至今仍被埋藏在西班牙庞特维德拉山区的一个鲜为人知的地方，这显然又像一块巨大的磁铁吸引着梦想发财的人们。

【片言碎语】由于西班牙财政状况日渐窘困，国王菲利普五世 1702 年命令南美洲西班牙殖民政府把上缴和进贡的金银财宝用船火速送往西班牙的塞维利亚。这样做是要冒很大风险的。这是因为，横渡大洋运送这批价值几百亿法郎的财宝必然要有一支引人注目的部队，而当时西班牙和英国正处在交战之中。尽管如此，十七艘满载着从秘鲁和墨西哥掠夺来的金银珠宝的大帆船还是在 1702 年 6 月 12 日离开了哈瓦那，朝西班牙领海进发了。这就是西班牙历史上著名的“黄金船队”。

海盗遗产之谜

在澳大利亚，有一个名为洛豪德的小岛，该岛并非鸟语花香、景色宜人的胜地，然而，“岛不在美，有宝则名”。相传岛上藏有无数财宝，周围海底也铺满耀眼炫目的宝石。

17 世纪 70 年代，一位名叫威廉·菲波斯的人，在偶然中发现一张有关洛豪德岛的地图，图上标有西班牙商船“黄金”号的沉没地，他惊喜若狂，感觉到一个发财的机会到来了。

原来，“黄金”号商船有一段神秘的故事，那是在 16 世纪 50~70 年代，西班牙人沿着哥伦布的航迹远征美洲，从印第安人手里掠夺了无数金银珠宝，然后载满船舱回国。然而，他们的行动被海盗们觉察了。于是，海盗们疯狂袭击每一艘过往的商船，惨杀船员，抢夺了大量财宝。如山沉重的财宝，海盗们无法全部带走，于是将剩余部分埋藏在洛豪德岛，并绘制了藏宝图，海贼们发血誓表示严守秘密，以图永享这笔不义之财。哪知海盗们终归是海盗，哪有信用可言，一些阴谋者企图独吞宝藏，一时间血肉横飞，一场火并留下了具具尸体，胜利者携带藏宝图混迹天下，过着花天酒地、骄奢淫逸的生活，而藏金岛的传说也不胫而走，风靡世界。

菲波斯怀揣这张不知真假的藏宝图，登上荒岛，四处勘察，然而他一无所获。正当他徘徊海滩时，无意中脚陷入沙中，触及到一块异物，经发掘是一丛精美绝伦的大珊瑚，在珊瑚内竟又藏有一只精致木箱，箱中盛满金币、银币和珍奇宝物。菲波斯狂喜万分，他在岛上待了3个月，疯狂地寻觅，整整30吨金银珠宝装满了他的纵帆船，他实现了发财梦。

【片言碎语】一时间许多真真假假的“藏宝图”应运而生，充斥欧洲，高价出卖，不少发财狂们重金购买，不惜血本，结果呢？不少人或葬身海底，或暴死荒岛，或苦苦寻觅，久远踪影。海盗的遗产成了一个充满诱惑的谜团。

消失的隆美尔财宝

隆美尔是被称为“沙漠之狐”的德国元帅，尽管诡计多端，然而由于希特勒的多疑和战略物资的不足而被蒙哥马利打败，隆美尔也由于被指控参与谋杀元首而被迫自杀，至于他遗留下来的财宝可能没有人知道。

1943年3月8日清晨，在地中海之滨的哈马迈特城的一幢漂亮别墅里，几位军官围座在宽敞、明亮的起居室里，但是却没有一个人有心情享受这难得的清晨美景。坐在正中间的那张大皮椅上的正是纳粹德国的悍将之一，人称“沙漠之狐”的隆美尔元帅，他一扫昔日的威风，布满伤痕的脸上神态无比沮丧，他周围的六名亲信军官和一名年轻士兵也好不到哪里去，一个个像斗败了的公鸡，垂头丧气地坐着。

原来，隆美尔率领的非洲军团近来损失惨重，还被蒙哥马利将军统帅的英军沙漠部队团团围住。三天之前，输急了眼的隆美尔集结他仅剩的140辆坦克，孤注一掷地向同盟国军队发起进攻，企图扭转不利局面，重新掌握战场上的主动权。结果不仅没获得期望的胜利，反而因此陷入了更加被动的处境。眼看战争失败的命运已无可挽回，隆美尔开始同手下商量如何处理陆续从各地掠夺来的一大批财宝。在更早一些时候，隆美尔就多次考虑过要把这批财宝经突尼斯城走海路运到意大利南部去。可是战场上的形势瞬息万变，隆美尔的计划还没来得及实施，英军就已经完全取得了对这一地区的海、空控制权，德国舰艇再也没有办法横越地中海了。隆美尔急得像热锅上的蚂蚁，害怕这批财宝落到对头们的手中。因此，一大清早就召集心腹们开会讨论怎样妥善处理这批宝贝。

仔细研究过后，以狡猾著称的隆美尔决定采取声东击西的策略，把这批财宝藏到他认为最安全的地方去，那就是突尼斯西南杜兹附近的沙漠里。杜兹是撒哈拉大沙漠边缘的一个小镇，是沙漠上的小小绿洲，在它周围，是无数个形状相似，大小不一的沙丘。即使狂风劲吹，黄沙漫卷，也很难改变这些沙丘的模样。如果把财宝埋在那许许多多沙丘之间的某个地方，人们是很难找到的。

当天晚上，隆美尔先派出一支高速快艇舰队，装上他从博物馆和阿拉伯酋长的宫殿里抢来的几十箱艺术珍品，准备穿过地中海运到意大利去。一直密切监视隆美尔一举一动的英国情报机关立即行动起来，派出大量的轰炸机和军舰到海上搜索这些满载着财宝的运输队。

与此同时，隆美尔立即派出一支大约有 15 辆到 20 辆军车组成的车队，每辆车上都装满了金币和奇珍异宝，由隆美尔最信任的军官汉斯·奈德曼上校负责押送，借着黑暗的掩护，消失在无边的夜色中了。车队沿着土路以最快的速度向沙漠中驶去，按照既定计划，这批财宝在杜兹镇卸下，再由一支骆驼队运到沙丘间的一个安全地点埋藏起来。

但是，从此这支车队就失去了消息，焦急的隆美尔还没等到战争结束就被希特勒赐死了。后来就再也没有一个人知道这批财宝究竟被埋在哪一个沙丘的下面。

30多年后，当时充当随军摄影师的海因里希·苏特作为这件事的当事人之一，向人们回忆了这个故事。他解释说，在几周以后，从英国的无线广播电台中听到一个消息，英军在杜兹附近沙漠边缘与一支装备精良的德军小分队相遇，经过长达一天的战斗，英军全歼了这支小分队，德军士兵无一生还。据估计，这支小分队是被派到一个边远地点执行任务后回去与所属部队会合的。苏特认为，这支被全歼的小分队就是去藏宝的人员，他们在返回杜兹的途中遭到伏击，全部战死。因此，隆美尔的这批财宝到底藏在哪儿就成了一个难解的谜。

可是上述整个故事都只是苏特的一家之言，以此很难判定故事的真实性。隆美尔的财宝真的被埋在沙漠里了吗？又过了很多年，一个名叫肯·克里皮恩的美国人对这个故事产生了浓厚的兴趣，为了核实苏特故事的真实性，克里皮恩借着到突尼斯度假的机会，特地到哈马迈特城和杜兹镇进行了为期约一个月的实地考察。面对克里皮恩的询问，杜兹镇的许多老年居民都不知道当年的车队和骆驼队的事，但是有一个名叫尤素福的70多岁的老人说，当年他在骆驼市场做生意，曾亲手把五匹骆驼卖给了一批外国人。老人之所以能清楚地记得这件事，不仅是因为这些人一口气买了六七十匹骆驼，出的价钱要比平常高，还因为这是他第一次看见金黄色头发的人，他们都穿着军装，可是他不知道这些人离开市场后朝哪个方向走了。另一位名叫穆罕默德·赛伊迪的老人则记得大约在那个时间有一些卡车开进了他们的村庄，后来那些人就不知道去哪儿了，过了几个星期，一批英国士兵来到他们村开走了那些车。

克里皮恩的考察结果看起来很有价值，但他也是在苏特的故事基础上进行推测的，整个故事还是存在着不少的疑点。如果隆美尔的财宝真的被运往沙漠藏起来了，那么那支庞大的运宝骆驼队到哪儿去了，是否真的无人生还，那批财宝是否真的还在沙漠的某个地方无人发现，恐怕只有一望无际的撒哈拉大沙漠才知道全部的真相。

【片言碎语】 在第二次世界大战的璀璨将星中，能做到生前显赫，死后殊荣不断，特别是被敌对双方都认可的，惟有隆美尔一人而已。对其的评价也渐渐趋于两极化，支持的人将其称为纳粹的战神，其高超的军事素质和出色战术才能受到了许多军事爱好者，甚至是著名军事家的尊敬和崇拜。反对的人根据其战略错误称之为“战术上的巨人，战略上的矮子”，又鉴于隆美尔曾经是希特勒的爱将，是纳粹最得力的侵略工具，因此被称为“二战纵火犯”。

慈禧太后的随葬品

1928 年 6 月，河南军阀孙殿英以演习为名，深夜直奔清东陵，命令工兵爆破墓室，炸开了慈禧明楼下洞门里的金刚墙。

慈禧活着的时候就酷爱珍珠、玛瑙、宝石、玉器、金银器皿等，死后也不忘带着这些稀世珍宝到另一世界去享受。她临终前就安排朝中大臣：“丧葬典礼，务极隆崇。”晚清的这些朝中大臣们，别看做正经公事的时候显得唯唯诺诺，可是，办起这事来却毫不含糊。他们不折不扣地坚决执行慈禧临终前的指示，把老佛爷的葬礼办的既隆又崇，随葬物品名目之多，奢华之极，骇人听闻。

据记载：慈禧的棺内底部铺一金丝织宝珠锦褥，厚七寸，下面缀大小珍珠一万二千六百零四多粒，红光宝石八十五块，白玉二百零三

慈禧太后

块，锦褥上有一层绣满荷花的丝褥，上面铺五分重的珍珠二千四百粒，圆珠上又铺绣佛串珠薄褥一套，该褥上用珠一千三百粒。慈禧尸体上穿金丝绣礼服，外罩锈花串珠褂，身盖一条织金的陀尼经被，明黄缎底，捻金织成，织有汉字陀罗尼经文二万五千字，缀有八百多粒珍珠。头上的凤冠由无数珍珠宝石嵌成，其中一颗重约四两的珍珠价值高达白银二千万两。

慈禧的头边置金、翠、玉佛一百零八尊；头枕价值连城的青皮红瓤白子黑丝翡翠西瓜一个；口含金光四射、百步之外就可见寒光的夜明珠一颗；手持玉莲花一枝；身左置玉藕一枝；身右置玉珊瑚树一枝；手臂两侧各置玉雕骏马八匹、玉罗汉十八尊；脚蹬碧玉大莲花两朵。棺内还置一座翠缕花纹、烟云流动、用白玉雕琢而成的九级玲珑宝塔。

为了添充棺内空隙，又撒进大珍珠五百粒，中珠二千二百粒，小珠一千粒，一钱重的圆珠二千四百粒，祖母绿和红蓝宝石百余块，最后又盖了一层网珠被，上缀珍珠六千粒。

但以上所列并不是全部的随葬品，这仅是棺中宝物而已。据载，从光绪五年慈禧的定乐陵完工到地宫最后封闭，在这三十年期间，还陆陆续续向地宫放置了各种珍奇瑰宝、金玉祭器一千余件。

把这么多的宝贝深埋地下，难免遭来窃贼。1928 年 6 月，河南军阀孙殿英以演习为名，深夜直奔清东陵，命令工兵爆破墓室，炸开了慈禧明楼下洞门里的金刚墙，打通了进入地宫的通道，撞开石门进入墓室，盗出许多宝物。此案被报道后，举世震惊，各地各界人士纷纷通电谴责，要求严惩凶首孙殿英，追回珍宝。然而，事情的结果令人失望，孙殿英盗出的珍宝成了脏物，被蒋介石和其当权者瓜分

【片言碎语】慈禧太后是晚清统同治、光绪两朝的最高决策者，她以垂帘听政、训政的名义统治中国四十七年。长期以来，有关慈禧的史学论著和文艺作品，大都只讲慈禧祸国殃民的一面，甚至把一些与慈禧毫不相干的恶行也加在慈禧的身上。在人们的心目中，慈禧已成为一个昏庸、腐朽、专横、残暴的妖后。

久远的民族之根

“海上民族”从何而来

腓力斯丁人是一个神秘的海上民族，如同其它海上民族一样，他们总是在地中海的历史迷雾中隐约呈现，又在地中海浓雾的笼罩中，悄然远去。

当与埃及之间的战争结束后，赫梯帝国本来就不稳固的经济基础濒于崩溃，战争几乎耗尽了赫梯的实力。而这时赫梯和埃及又都面对着一个越来越强大的“海上民族”的不断入侵，这些被埃及和赫梯称为“海上民族”的人们如同海浪拍打海岸一样，经常对埃及和赫梯发动入侵。而正是这种频繁的入侵最终导致了当时最强大的赫梯帝国成了昨日黄花。

这些“海上民族”到底是谁？依据《圣经》的记载，从公元前12世纪开始，在巴勒斯坦南部的加沙、阿什杜德等地就已经出现一些以海为生的人。他们不断侵蚀犹太人的领地，逐渐在这里建立了一些小城。但到公元前10世纪左右，这些海洋民族在犹太人卓越的统帅——大卫王的反攻中销声匿迹了一段时间。他们曾在战斗中杀死了扫罗父子四人，这导致大卫王与伊施波为争夺王位发生战争，大卫王既利用了这些海上民族又严重打击了他们。从公元前13世纪下半叶起，埃及、希腊半岛、小亚细亚、巴勒斯坦、西达塞浦路斯和克里特岛的地中海东部广大地区内，许多文明中心在短时间内一个接一个地迅速衰落以至灭亡。其中就包括尼罗河畔的埃及新王国和曾经显赫、强大无比的赫梯王国。从辉煌的迈锡尼文明到希腊半岛、再到地中海的亚洲沿岸都相继退出了历史舞台。而制造这场“战争海啸”的正是被称为“海上民族”的腓力斯丁人。现在巴勒斯坦这个名词就是来源于这个民族，意即腓力斯丁人的国家。

海洋民族似乎总是比陆地民族更愿意接受新东西，腓力斯丁人能在短时间内崛起并横扫东地中海的一个主要原因，就是他们广泛接受了铁质武器和各种器具。他们可以说是地中海地区最早大规模使用铁质武器作战的民族，也就是说他们实际上是最早进入铁器社会的地中海民族之一。这一点在腓力斯丁人的墓葬中得到了证明，他们的墓葬中已经出现了各种各样的铁器，其中就有大量铁制的武器。

但这些海上民族究竟来自哪里却始终是一个历史迷雾。实际上，“腓力斯丁人”是一个融合了许多海上民族的总称，而并不是单纯的一个民族。一般认为，腓力斯丁人中主体是希腊人，他们主要来自希腊半岛的美塞尼亚，当然也少不了克里特人。但也包含了很多加里亚人、西里西亚人、条克里人、安那托利亚人、塞浦路斯人和叙利亚人，甚至还有来自意大利半岛的意大利人和西西里人，这些都是地中海地区古老的沿海居民。腓力斯丁人并没有建立一个完整的帝国，他们只是一个松散的部落联盟。其实他们的生活更像是地中海海盗，以劫掠地中海沿岸为生，当然他们也从事地中海航海贸易。

【片言碎语】 这些海上民族其实很早就已经出现，只是他们的影响在一开始微乎其微。直到赫梯与埃及争霸战争时期，随着赫梯帝国的轰然倒塌和埃及帝国不断被这些海上民族入侵，这些海上民族才被历史纪录。但被埃及称之为“北部丘陵诸国”的腓力斯丁人实际上已经是海上民族鼎盛的后期，此后他们又如同他们的出现一样渐渐消失在地中海的迷雾中。

荒原石头标记之谜

在秘鲁利马南部的毕斯柯湾，有一个人工建造的高 820 英尺的红色岩壁。岩壁上雕刻着一个巨大的三叉戟或三足烛台形状的图案。三叉戟的每一股约有 13 英尺宽，而且是用含有像花岗岩一样硬的雪白磷旋光性石块雕成的，因此，如果不是现在被沙土所覆盖，它将发出耀眼的光芒。是什么热情驱使古印加人建造这么巨大的石头标记呢?

一些考古学家认为，毕斯柯湾岩壁上的三叉戟是指示船只航行的陆标。但大多数考古学家不同意这种说法。他们指出，绘制在这个海湾中的这幅三叉戟图案，不能使所有角度上航行的船只都能看到它；况且，在遥远的古代，是否有远洋航行这回事都值得怀疑。如果有这些航标来指示的话，古印加人为什么不利用两座岛屿？这两座岛屿就在三叉戟的中延伸线的同一海面上；他们提供了有利的自然条件，不管船只从哪一个方向驶向海湾，从很远的地方就可看到这些岛屿。但如果用三叉戟当航标，从北方或南方来的海员却不能看到它。而最主要的一点，绘制三叉戟的人，是使它的方向朝天的。另外一点也值得提一下，在三叉戟座落的地方，除了一片沙滩之外，没有任何东西可吸引海员。而且，就是在史前时代，那里的水中也是礁石嶙峋，根本就不适于船只停泊。因此，考古学家们认为，这座在古时候光芒耀眼的三叉戟图案，一定是作为某些会“飞”的人的航空标志而设置的。

考古学家的推测，如果三叉戟确是航空标志，那它不应是孤立存在的，在它的周围一定还有另外一些东西。果然，本世纪三十年代，在距三叉戟图案 100 英里外的纳斯卡荒原上，考古学家又发现了许多神秘的图案。这些图案遍布从巴尔帕的北边到纳斯卡南边的 37 英里狭长地带。它们是一些几何图案、动物雕绘，以及排列整齐的石块；很像一座飞机场的平面图。

如果乘飞机在这个荒原的上空飞行，人们可以发现许多闪闪发光的巨大线条。它们伸展几英里，有时平行，有时交错，有时构成巨大的不等边四边形。此外，还能看到一些巨形动物的轮廓。它们都是用明亮的石块镶嵌出来的。其中有极长的鳄鱼，卷尾猴子……还有一些地球上从未见过的异禽怪兽。

是谁制作了这些图案？为什么把它们绘得如此巨大？而且只能从一个很高的角度——例如在飞机上才能获得图案的全貌呢？这些问题引起了考古学家们的兴趣。

据当地的传说，在过去的某一个时期，一群不知来历的智慧动物，登陆在今天纳斯卡城近郊的一块无人居住的荒原上，并为他们的宇宙飞船在那里开辟了一座临时机场，设置了一些着陆标记。这之后，不断地有他们的飞船在这里着陆和起飞。这群宇宙来客在完成了他们的使命后，又离开地球回到自己的行星上去了。当时的印加部落，曾亲自目睹了这些宇宙人的工作，并且留下了很深刻的印象。

考古学家们对这个神话般的传说深信不疑，并且他们推测：如果纳斯卡荒原是登陆点，毕斯柯湾上的三叉戟是登陆指标，那么，在纳斯卡的南边也应有一些指标才对。

果然，在距纳斯卡 250 英里的玻利维亚英伦道镇的岩石上，人们发现了许多巨大的指标。在智利的安陶法格斯塔省的山区及沙漠中，也陆续找到了这样的东西，在许多地方，有直角形、箭矢状和扶梯状的图形，到处都可看到。甚至可以看到整个山坡上绘着很少雕饰的长方形图案，在同一平面上的整个区域内，峭壁上陈列着光芒四射的圆周和棋舟形状的椭圆形图案。而在人迹罕见的泰拉帕卡尔沙漠的山坡上，有一幅很大的机器人图案。这幅机器人图案约有 330 英尺高。它的形状是长方形的，很像棋盘，两腿直条条，纤细的脖子上是一个长方形的头颅，上面有 12 根一样长的天线般东西竖立着。从臂部到大腿间，有像超音速战斗机那种粗短翅膀般三角鳍连接在身体的两边。这幅图案距纳斯卡荒原大约 500 英里。

【片言碎语】据考古学家们推测：这些图案可能与宇宙来客有关，是一些很值得研究的古代遗址，只是需要一代代人不断地努力。

阿兹特克人起源于何处

公元15至16世纪初，中部美洲的阿兹特克人在吸收了墨西哥谷地的其它发达文化的基础上，创造和发展了自己独特的璀璨文化；同时在政治和军事上行使霸权。据研究，这个强大的种族集团在13世纪可能自墨西哥北部迁移而来。那么，它究竟起源于北方的哪个地方呢？这是有待进一步探讨的一个问题。

西班牙征服者入侵后不久，在墨西哥便出现一本古抄本，其名为《漫游书卷》或《博图里尼古抄本》。在书卷中阿兹特克人记载了自己的历史：他们从一个神秘的起源地出发，经过长期漫游，而到达墨西哥谷地的特斯科科湖定居地。其中记载有日期、地点和一切重要事件。据说其起源地叫做“阿兹特兰”，或“鹭之地”，从这个地名中产生了其民族的名称“阿兹特克”。在古抄本的第一幅插图中，出现第一批来自一座小岛的阿兹特克人形象，他们正在横渡大湖。有位学者认为，叫做“阿兹特兰”的神秘地方位于今墨西哥的墨斯卡系蒂坦岛，它可能就是古抄本插图中所显示的地方；而所述的岛位于纳雅里特海岸的一个滨海湖内，那里至今还有一个叫做“阿兹特兰”的地方。

但是，其他位学者指出，从神秘的阿兹特兰迁移出来之前许多年，阿兹特克人过着游牧生活。据一个神话说，他们另一个起源地叫做“奇科莫斯托克”，意思是“七洞穴”或“母亲之地”。它位于库卢亚坎，或库卢亚人之地。据推测，该地位于今墨西哥的尤里里亚、瓜纳华托附近。这就是说，阿兹特克人来自今瓜那华托州的范围内；具体地说，其起源地可能位于萨拉曼卡、塞拉亚、萨尔瓦铁拉和尤里里亚的四边形地区内的某个地方。

上述两种说法都是根据神话传说来推测阿兹特克人可能的起源地的，所以至今人们还不能完全确定其现实的地点。此外，按照古抄本，“阿兹特兰”位于沿海一带；但是，另一个神话却说，其起源地“奇科莫斯托克”位于墨西哥的内地。这样，两种说法就大相径庭了。因此，关于阿兹特克人的起源地问题仍是一个历史难题。

阿兹特克人

除此之外，对于这个问题，西班牙的马德里孔普卢贞大学美洲史系主任 M·埃尔南德斯·桑切斯·巴尔瓦又提出另一种见解。他认为，12 世纪末到 14 世纪，是阿兹特克国家开始形成的时期，因此是一个非常混乱的时代，其特点是墨西哥谷地的特斯科科湖周围建立各个不同的城市一国家。这一时期也是属于同一个种族系统的部落集团相互征战的时代，但是所有这些集团都有一个共同的起源地：“七洞穴”或“奇科莫斯托克”，它位于今美国的新墨西哥州境内。

另一方面，墨西哥国立自治大学的阿塞·曼努埃尔·洛萨诺·富恩特斯教授把阿兹特克人的起源地推向更加遥远的北方。他认为，按照神话指点，“阿兹特兰地区”是阿兹特克人的起源地，但是它不在今墨西哥境内，而是在美国的加利福尼亚，或新墨西哥，或佛罗里达，甚至可能在亚洲。关于阿兹特克人起源地问题，为什么会众说纷坛，莫衷一是呢？首先，在现存的各种历史文献中，关于阿兹特克人迁移出“阿兹特兰”，到他们抵达图拉这一历史阶段的事件和日期的记叙与解释都非常模糊，也十分难懂，因此，人们就难以断定其起源地的确凿地点。其次，在西班牙征服之前，定居在墨西哥谷地的许多印第安部落集团，其中包括阿兹特克人，都是从北方的“契契梅克”地区迁移南下的；他们原先都是游牧部落集团，所以其行踪飘忽不定。再次，在记叙或描写阿兹特克人起源的不少文献中往往把历史事实和神话传说混杂或交错在一起，这就造成事物的真实性和虚幻性难以分辨。结果，关于阿兹特克人起源地问题，在上述各种因素影响下，变得更加扑朔迷离了。

【片言碎语】然而，随着中部美洲考古研究活动的进展和印第安文明史研究成果的扩大，阿兹特克人起源地问题的解答也在取得显着的进展。目前学术界一般倾向于将其起源地确定在墨西哥北部的“契契梅克”地区。

波利尼西亚人是复活节岛上最早的居民吗

南太平洋上的复活节岛在本世纪60年代以前还是一个鲜为人知的荒凉小岛，因为一年只有一至二艘船驶抵岛岸，在相当长时间里，它只在科学界引起注意。

早在1688年，英国旅行家李斯特奈克·戴维斯作为欧洲人第一个登上小岛，但事后未作宣传，也没产生什么影响。1722年荷兰探险家雅可布·洛吉文海军上将在太平洋航行途中发现了该岛，并命名为复活节岛，因他踏上小岛的那天正好是复活节。以后陆陆续续有不少考古学家、历史学家、地理学家、探险家登上小岛。

不仅复活节岛上的石雕像是个难解的迷题，谁才是岛上最早的居民也是困扰科学家的难题。

一是波利尼西亚人说。持这一说法的一部分人认为最早居民就是现在岛上生活的波利尼西亚人的祖先。大约公元8至9世纪，太平洋上的马克萨斯群岛的波利尼西亚人历经艰辛，飘洋过海来到此荒岛。他们带来了石刻文化和波利尼西亚语言。至今岛上居民仍以该语言作为通用的语言。而持这一观点的另一部分人认为，波利尼西亚人本来就是岛上土著居民，不是外来的，认为星散在太平洋四周的波利尼西亚群岛原是整块大陆，一度曾创造发达的文化，由于地壳变动，主大陆沉入洋底，剩下零星一些岛屿，而复活节岛上的波利尼西亚人就是劫后幸存者。

二是西方白人说。其理由就是最早登陆的一些探除家、航海家当时见到岛上的居民有不少是头戴红帽的白皮肤人，因此就推断岛上居民为来自西方的白人，甚至设想是古代埃及人和腓尼基人把西方文明带到了岛上，依据是岛上遗留下的高大石像和将尸体埋在巨石建筑物中的作法，以及发现的那些象形文字，与古埃及文化有类同之处，可是人们又有怀疑，因为同是埋葬尸体，也有很大差异，前者是将尸体埋在巨石平台下，后者则葬在方锥形的金字塔里，象形文字也一样，同是象形，但符号形状各不相同，而且众所周知，古埃及人和腓尼基人的主要航海活动范围是在地中海，即使有驶出直布罗陀海峡的，也从没有进入太平洋水域的，所以上述说法就不能成立。

三是南美人说。持这一观点的主要代表是挪威科学家、世界著名人类学家图尔·海尔达尔。他是在将岛上发现的文物与南美的印加文化作比较后得出的看法。第二次世界大战结束不久，他作了一个实验，仿照古印第安人木筏自制了一个木筏，取名“太阳神号”，从秘鲁利马附近的卡亚俄港出发，亲自驾驶木筏航行4000多海里顺利到达波利尼西亚群岛中的腊罗亚岛，由此证明在古代印加人乘坐的原始的简易木筏，完全可以飘渡到太平洋中的任何岛屿，他还认为以秘鲁、玻利维亚交界的蒂亚瓦纳科作出发点，经陆路到太平洋沿岸，然后借助贸易风，也能顺利安全地到达复活节岛。海尔达尔过不多久，又重返复活节岛进行考古活动。1955年他考古发掘工作又喜获丰收。他在岛上发现了许多与印加蒂亚瓦纳科文化相同的古文物，如具有典型印加文化的石砌墙垣建筑，双膝跪地、双手抚膝的虔诚石像，双手安放在腹部，围着腰带的石像，悬崖峭壁上刻有月牙形船的壁画……这些巨石建筑物几乎与印加时代的巨石文化没有两样。因此，他断言岛上最早居民就是南美印加时代的印第安人。他们以其独具匠心的独石雕刻艺术创造了岛上的巨石文化。

四是美拉尼西亚人说。持这看法的人主要依据是岛上居民的生活习俗、宗教信仰与西南太平洋上美拉尼西亚群岛居民的习俗、信仰极为相似。从考古发现，复活节岛人的宗教信仰主要以人鸟崇拜为主。1915年人们在岛的祭祀中心、西南角一个古老而神秘的奥龙戈村落发现了100多幅手握海燕蛋的人鸟象，这些人鸟象与美拉尼西亚群岛的所罗门岛屿上发现的人鸟象几乎没有区别，人身鸟头，大而圆的眼睛，弯而长的喙，高举的手。此外复活节岛举行宗教仪式时，司仪须将头发剃去并把光头染红也与所罗门岛的习俗一致，而且两者都有垂吊耳环将耳朵拉长的习俗。因此一些专家、学者就认为岛上最早居民是从西南太平洋美拉尼西亚群岛上迁徙过来的。但是持南美人说者认为崇尚人鸟信仰和盛行长耳朵正是南美古印第安人的习俗。

【片言碎语】复活节岛以神秘的巨象闻名遐迩。面积仅117平方公里的小岛四周却密布着几百尊巨石雕像。这些石像造型雄浑生动，颀大无比。长长的脸，大大的耳朵，浓浓的眉毛下一双深凹的眼睛。大多数石像排列整齐，有的还戴着帽子或头饰，背朝岛中央，面向浩瀚的太平洋安祥地坐在石台上。石像高3米至30多米不等，重数吨到上百吨。在一些火山和洞穴里还发现许多尚未完工的巨大石雕像。此外，在岛上还发现了一种奇特的文字，说是文字实际是用石器或鱼齿刻凿在木板上的一些奇形怪状的符号，类似古代的象形文字。这些文字至今没能被人破译。据说最早发现这种文字的西方传教士将其视为“魔鬼文字”。

印度欧罗巴人起源于何方

印度欧罗巴人（简称印欧人）是印欧语系诸民族的总称，现分布于欧、亚、非、澳之广阔地域。印度语、伊朗语、斯拉夫语、波罗的语、日耳曼语、希腊语、意大利语、凯尔特语、亚美尼亚语、阿尔巴尼亚语、喜特语、吐火罗语等语族皆由此而分化出来的。他们在世界历史上曾起过重要作用，而今仍影响着世界局势的发展。然而，他们的原住地究竟在哪里呢？

1789年在印度加尔各答市召开的一次皇家亚细亚协会上，英国东方学者威廉·琼斯在发言中提出一个问题：古代印度梵文同希腊语、拉丁语、凯尔特语有着惊人相似之处。他认为这来自于一种共同的语系，而这一语系被称之为印度欧罗巴语系。尔后，西欧语言学者拉斯马斯·拉斯克和佛朗兹·博普对此继续进行研究，创立了印欧比较语言学。比较语言学者对印欧语系中各个语族作分析、比较和复原之后，发现他们在其历史发展的早期阶段，曾使用过一种共同语言，即共通基语，这种共通基语是印欧人在特定地区活动时使用的语言，尔后随着他们语言范围不断扩大，内部分化为若干不同语族，而这种共通基语仍以不同形式保留在各语族之中。学者就是通过对这共通基语的研究去寻找印欧人的最初足迹的。例如，雪和狼这两个单词在印欧人各语族中分布甚广。然而在印欧诸语的基语中，从未发现“海”这个词。希腊语、拉丁语、希特语、德意志语……相应的词，其原义不是

“海”而是“湖”。此外，这一共通基语亦未发现“狮子”一词，从亚述人狩猎浮雕判断，公元前2000年代狮子栖息于伊朗高原。由此推知，印欧人的原住地应是看不见海，风雪交加，豺狼栖息的地方。从地图上看，具备这样条件的场所最可能是在中亚和伊朗高原以北的广阔地域。另西土耳其斯坦出土的化石表明，中亚早就生长春骆驼，而印欧人的基语中没有“骆驼”词汇，所以中亚不可能是他们的原住地。奇怪的是在他们基语中也没有“山”这个词，这就为我们提供了一条线索，他们地原住地是在那见不到大山的平原地区。

随着问题的深入探讨，在印欧人的原住地问题上，又出现了“山毛榉”和“鲑鱼”的两场争论。拉丁语“山毛榉”一词，在希腊语派和日耳曼语派中都能找到。现在，山毛榉是生长在从加里宁格勒到克里木半岛一线以西的高加索地区。于是有人便认为，印欧人的原住地不可能在这条线以东。但持不同意见的人认为，冰河后期（印欧人出现的时期）的气候与今不同，与此相应的标相位置也会不断移动。不久前对生长山毛榉地带进行花粉分析的结果，也充分说明了这一点。至于“鲑鱼”问题，是指与德语“鲑鱼”相应的词，也存在于斯拉夫语系和波罗的语系之中。所以鲑鱼的出产地便成为印欧人原住地争论的焦点。众所周知，注入黑海的各条河流，均未发现鲑鱼回游，鲑鱼只生活于经德国和波兰流入大西洋和波罗的海各条河流之中。于是有人便认为与德语鲑鱼相应的托卡拉语 Laks，只意味着“鱼”，不是鲑鱼。同样，日尔曼语中的“狮子”一词，本来不是兽，而指猎兽，后来又代表猪，有时指鹿。因此，把鲑鱼的产地同印欧人的原住地硬联系在一起，显然理由不够充分。

近年来，随着考古发掘工作的进展和文献资料的不断发现，学者们结合比较语言学已取得的成就，认为印欧人的原住地应在阿尔卑斯山和黑海以北、里海以西的地区，因为那里离海远并有大平原，便于他们从事各种活动。但涉及印欧人原住地的具体位置时，学者们又有

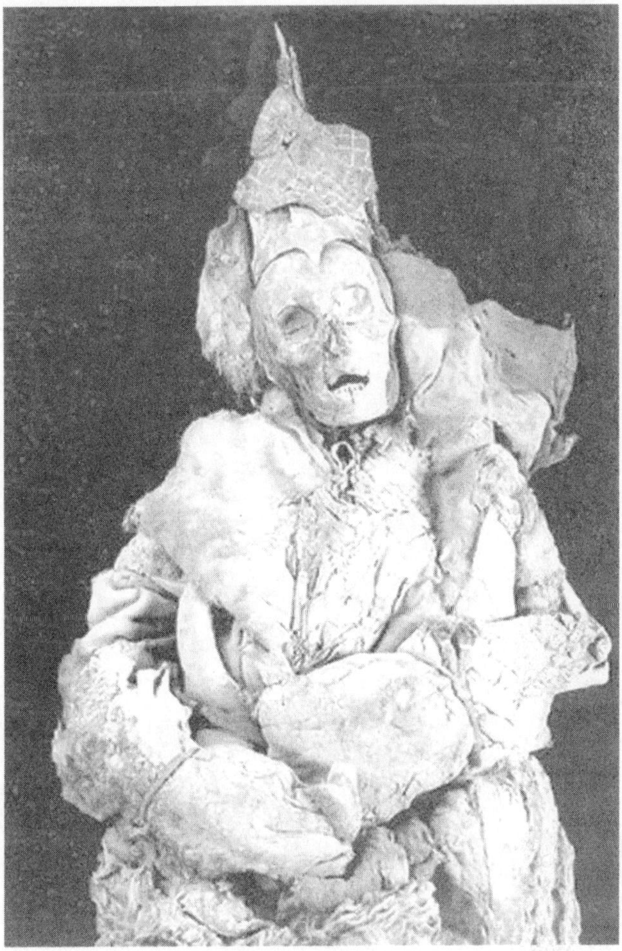

印度欧罗巴人

不同的看法，其中主要的有：苏黎世大学的尼恩斯特·迈耶认为其原住地是在欧洲中部新石器时代三大文化圈之内，这三大文化圈是带纹陶器文化、绳文陶器文化和北欧的新石器文化；丹麦考古学者约翰尼斯·布朗斯提认为，印欧人的形成地在俄罗斯南部到土耳其斯坦南部这一狭长地带。这里气候干燥，适于人类居住；德国语言学者保罗·蒂姆认为，印欧人原住地是在斯维瓦河和奥得河流域之间；挪威学者卡尔·马斯特兰德推定，印欧人的原住地是在里海和阿富汗山脉之间的草原地带；墨西哥考古学者彼得罗·博希·金普拉认为，讲印欧语的各个民族并非单一起源，约于公元前 2000 年由南斯拉夫、蓬得（黑海沿岸）和高加索三个地区的民族联合而成；意大利学者德沃托主张，印欧人的原住地在欧洲中部新石器文化的带纹陶文化圈内，尤其可能出现在现在波希米亚和摩拉维亚地区，后来向德国中部移动；保加利亚语言学者弗拉基米尔·戈尔吉也夫认为，印欧人原住地在喀尔巴阡山以南到巴尔干半岛地带。

看来印欧人原住地在哪里，还很难取得一致意见，但随着研究的深入，有朝一日会真相大白！

【片言碎语】从古典时代迄今，葡萄、葡萄酒、橄榄、橄榄油一直是希腊人、罗马人（现在的意大利）不可缺少的食物和饮料，然而，希腊语和拉丁语的“葡荡”、“葡萄酒”、“橄榄”、”橄榄油”等词汇都借用于当地原来的语言，这也可以从另一角度说明，这支民族的原来住地不会在盛产橄榄和葡萄的阿尔卑斯山以南地区。

中国什么时候开始有文字

世界上最古老的文字大体有三种：苏马利亚人和巴比伦人的楔形文字、埃及的图画文字、中国的汉字。它们均由图画演进成为文字。那么中国文字究竟源始于何时呢？

中国人对自己文字的起源，大概在战国时期就注意到了。《易·系辞》说：“上古结绳而治，后世圣人易之以书契。”郑樵在《六书略》的《起一成文图》一文中，认为结绳是汉文字的起源。按其说即一切文字由“一”起，变而成丨、丿、冂、匚、囗等，由此繁衍成一切象。清末王闿运也说：“结绳为绳形字母书。”但有不少人表示异议，结绳是上古用以记事的方法，差不多一切原始民族都曾用过。它即便是记事，也毕竟不能算是文字。这正如图腾和族徽都不能算作文字一样。也有些人认为中国文字源始于八卦。郑樵在《六书略·论便从》中云："文字便从（通'纵'）不便横，坎、离、坤衡卦也，以之为字则必从，故三必从而后成水，三必从而后成火，三必从而后成巛。"此外，尚有"河图，洛书演进为文字说"。

中国古代最通行之说是仓（又写成苍）颉造字，这至少到战国末年已经在广大学者中流传。《吕氏春秋·君守篇》中言："仓颉作书"；《韩非子·五蠹篇》亦言："古者仓颌之作书，自环者谓之'厶'（即'私'字），背'厶'谓之'公'。公私之相背也，乃苍颉固以知之矣。"《荀子解蔽》则云："好书者众矣，而仓颉独传者一也。"这里的"一"是"统一"的意思。那么仓颉是什么时代的人呢？

中国最早的文字——甲骨文

据《淮南子》载，仓颉造字以后，天上落下小米，鬼在夜里啼哭。当时一起造字的还有史皇、沮诵等人。东汉著名的文字学家许慎在《说文解字序》中讲："仓颉之初书，盖依类象形，故谓之文，其后形声相益，即谓之字。文者物象之本，字者言孳乳而寖多也。”据他的看法，书写便是文字，仓颉系最初造字者。到了唐代，释道世撰的《法苑珠林》更将其讲得神乎其神。《法苑珠林》卷十五上曰：“昔造书之主，凡有三人，长名曰梵，其书右行。次曰佉卢，其书左行。少者仓颉，其书下行。梵、佉卢属于天竺，黄史仓颉在于中夏。梵、佉卢取法于净天，仓颉因华于鸟迹，文画诚异，传理则同矣。”不过还有人说“仓颉”一名，即契、刻等字一声之转。古人音书契，盖古文字是用刀刻非用笔写，因名契刻之人曰仓颉云云。还有些人则认为中国最早的文字当是今立于浙江绍兴禹王庙内的一块《岣嵝碑》刻文。此碑上有 70 余字。相传夏禹治水成功，在会稽（今绍兴）山下会师稽功，刻石以纪其事，此就是《岣嵝碑》。碑上文字有人讲大约有几个可猜识；但也有人说此石系明代翻刻而立，是伪作。既是伪作，文字年代自然当疑了。

目前，史学界较普遍的一种说法是：中国文字源始于殷商。尚钺在《中国史纲要》中说：“到了殷商，才开始有了文字——青铜器铭文和甲骨文。”范文澜在《中国通史》中提出：“照现有《尚书》中的《商书》和地下史料来说，商是中国用文字传下来的历史的开始。‘至于’夏朝文化的遗址，迄今还没有找到确实的证明。”启功在《古代字体论丛》中认为：“中国汉字的发展，自商代到今天，足有四千多年的历史。”不过，稍有异议的人也不乏一例，《中国的文字》作者丁易的观点是：“中国的文字远在公元前一千四五百年代的殷商期，已有很多完备的文字。原始文字还得早。”唐兰的意见则更进一步，他在《中国文字学》中说：“文字的发生，总远在夏以前。至少在四五千年前，我们的文字已很发展了。”根据一些人的看法，殷商时代的甲骨文已很成熟。而任何事物总有一个从发生到发展才渐趋成熟的过程。因此中国文字的发生始年当还可前推。至于推多少年呢？有的主张至少上推 1000 年；有的主张推至夏末；

也有的主张推至夏以前，各执己见。在考古学家那儿，中国文字之源始又有分歧。

郭沫若在《奴隶制时代》的《古代文字之辩证的发展》一文中指出："汉字究竟起源于何时呢？我认为，这可以从西安半坡村遗址距今的年代为指标"，"关于半坡遗址的年代，据中国科学院考古研究所实验室用 C14 同位素测得四个数据为：（1）距今 6080±110 年；（2）距今 5920±105 年；（3）距今 5855±105 年；（4）距今 5600±105 年，即不管哪一个数据，半坡遗址年代距今有六千年左右。""半坡遗址是新石器则代仰韶文化的典型"，"半坡彩陶上每每有一些类似文字的简单刻划，和器上的花纹判然不同。""虽然刻划的意义至今尚未阐明，但无疑是具有文字性质的符号。"它们与殷周青铜器上有一些表示族徽的刻划文字等等极相类似。因此"可以肯定地说就是中国文字的起源，或者中国原始文字的孑遗"。如按此说，中国文明则应算成近 6000 年。

【片言碎语】中国文字之源始，究竟在何时？最古老的文字产生于什么时代？分别代表什么含义？至今还尚在百家争鸣中，看来还有待于大量的材料来佐证说明！

中国人是美洲大陆的最早发现者吗

哥伦布作为资本主义发展初期的大航海家，自然为今人家喻户晓。自从两个世纪以前，学者们提出了一个崭新的见解：殷人航渡美洲。虽然哥伦布发现美洲大陆是人尽知的史实，而实际上，中国名僧慧深比哥伦布早1000年已经先期发现美洲大陆，并曾在墨西哥等地居留活动约40年。

公元5世纪末，慧深回国后，将其亲身经历公之于世，正式载入了史籍。早在1500年前，中国和美洲人民已经开始交往，只是从当时情况看，双方的交往主要在民间而不是在官方进行，而交往方式主要是佛教文化传播，而不是稳固的政治经济关系。尽管中国与美洲“相去三万里，昼夜相北驰”，但是几十年来大量的文物考古证明：太平洋两岸的文化习俗有许多相同或十分相似的地方。在秘鲁发现了一尊奇特的美洲女神裸铜像，她双手提着铜牌，两面铜牌上各铸有“武当山”三个汉字。像这类印有古汉字的文物在美洲已发现140多个，从行文字体判断，上自殷商，下至南宋，几乎历代都有。后来在墨西哥发现了一方“大齐田人之墓”的汉文石碑，它是我国战国时代或秦末从山东沿海乘船逃亡到美洲大陆的齐田人的遗迹。这些都是古代中国与美洲开展交流的物证。

人们还发现，表明中国与美洲早有因缘的民情风俗就更多了。在墨西哥南部有一口“圣井”，天旱求雨时要选送美貌少女投入井内，类似我国古时“河伯娶妇”的传说。我国古代石刻和帛画中的神祇，在墨西哥许多地方的古代石刻中也时有所见。笛是我国古代劳动人民首创发明的，而在秘鲁出土的银笛和在墨西哥发现的陶笛，笛管的设计和笛孔的距离，竟然与我国的一模一样。另外两地还有许多有趣而发人深思的共同点，比如中美洲威哥尔印第安人和中国人的面貌十分相像，因此墨西哥人干脆把他们叫做“秦佬”，意思是“中国人”。难怪当地有的印第安人见了华人，竟然以“同乡”称之。中国与美洲的文化习俗如此相似，显然不是一种偶然的巧合现象。

在争论不休的舌战进行过程中，各类文献史料也不断出现在诸家佐证之中。自上世纪70年代以来，在墨西哥和美国加利福尼亚的太平洋沿岸的浅海中发现了许多先人留下的“石锚”，为早期中国古人横渡太平洋提供了新鲜材料。一系列的新发现表明，这是两三千年前来自中国的古船留下的对象。我国古人把锚叫做“矴”或“碇”，人们把这种石头固定在船上，起着船锚的作用。既然石锚是数千年前中国海船留下的遗物，那么当时驾驶船只的是一些什么人呢？经过学者们考证，原来大约在3000年前的我国殷商末年，一批逃亡的中国人就已到达中美洲的墨西哥，甚至在拉文塔地方建立了自己的都城，因为在这里发现了众多具有浓厚殷商文化特征的虎神崇拜、石斧石像、饕餮纹和十分类似甲骨文字样的文物遗迹。这些学者进而提出：古代墨西哥著名的奥尔梅克文化的突然兴起，和外来殷商文化的影响是分不开的。为什么我国商朝末年殷人要向海上逃亡呢？原来在武王伐纣之前，殷纣王曾率领大军征讨位于现今山东省的“方国”，打了胜仗以后，军队便留驻于此。后来纣王被武王打得惨败，殷商王朝覆灭，留守“方国”的殷商军队国破家亡，为了寻得栖身之所，只好仓猝入海而逃。

商代祖先是居住在渤海湾边的一个航海部落，他们有着前人积累的丰富的航海经验，而且素有崇拜太阳的习俗，笃信宗教所说的日出的东方可寻得“乐士”。于是，他们经年累月，在大海上漂泊，历尽艰辛，终于航达美洲大陆。在殷商时代，人们也有了初步的星象学和天文历法知识，殷人已经学会掌握了依靠日月星辰来判断航行方向的早期天文导航技术。同时，在航海发展史上，用风帆作为行船的动力，象征着已经从沿海短途航行发展到远字即“帆”的出现，表明殷海长途航行的新阶段。出土的甲骨文中的商时代已经实现了航海史上的这一重大变革。

【片言碎语】中国在历史上是一个航海非常发达的国家，造船业和航海技术曾在一个相当长的时期内居于领先地位。公元前11世纪，中国的商船就不止一次地到达菲律宾、东南亚一带，同时许多船舶经常往返于沿海邻国。到了殷商时代，青铜工具的使用更为造船创造了条件。因此，殷人东渡太平洋是完全可能的。“问苍茫大海，当年谁航渡?”是哥伦布发现了美洲新大陆，还是比哥氏早出1000年的中国和尚慧深云游此地，还是殷人东渡太平洋，扬帆美洲大陆3000年，我们并不排除某个假设或猜想考证有可能成为一种科学创见的先导。

吉卜赛人的故乡之谜

吉卜赛人为什么没有祖国，何处是他们的故乡，为揭开这为世人所关心的谜底，几个世纪来，各国学者深入吉卜赛人住地，了解他们的风俗习惯，搜集了大量资料，作了多方探讨。仅以1914年欧洲出版的《吉卜赛书目》为例，所列书籍竟达4577种之多。由于原始资料匮乏，谜底难以揭晓，长期来，学者们各执己见，说法殊异。

有人认为从人种上来看，吉卜赛人颧骨高起，皮肤黄色，瞳孔毛发黑色，颇似东亚地区的人。因此，在德国北部及北欧诸国，则以为他们是鞑靼或蒙古人；法国人在称他们为吉卜赛人的同时，又叫他们是波希米亚人，认为他们来自波希米亚（捷克斯洛伐克西部地区旧称）；西班牙除称他们为吉卜赛人、波希米亚人外，还称他们为茨冈人或希腊人，理由是他们可能来自希腊，在苏联也称吉卜赛人为茨冈人。而吉卜赛人自身则以黑人自夸，这与该民族崇尚黑色有关，犹如突厥、金、元以黑为贵一样。总之，众说纷纭，莫衷一是。但流传深远，影响较大，主要是起源埃及说和起源印度说。“吉卜赛”（Gypsy）一语，按英语本义含有“从埃及来的”的意思，因此，说吉卜赛人的故乡在埃及，主要是英国人的意见。此说的主要根据是流传很广的传说故事。其中有两个故事是这样叙述的：传说公元1世纪，罗马帝国的奴隶主统治阶级决定大举镇压基督教徒，要处死耶稣，于是命令一位埃及铁匠打制制十字架需用的钉子，该铁匠拒不从命，结果受到惩罚，被罗马统治者逐出埃及，一大批信仰基督教和同情耶稣的埃及穷人也随这位铁匠告别埃及，流浪他乡。另据法国人的记载，传说1427年冬天有一批吉卜赛人到达巴黎，自称祖籍埃及，原被基督徒征服，皈依基督教，后因阿拉伯人入侵，他们又被迫改奉伊斯兰教。此举引起欧洲有权势的基督教的强烈不满，于是兴师问罪，再次派军征讨，最初只是希望吉卜赛人改邪归正，重新信仰上帝，并没有要他们弃家外流的意图，后来经欧洲有关统治者的协商，决定如无教皇批准，吉卜赛人不得在国内占有土地，并勒令他们举族前往罗马朝觐教皇，以赎前罪。接着教皇又命令他们做为期7年的世界旅行，途中不许卧床，以示对上帝的虔诚与悔悟。从此，吉卜赛人扶老携幼离开故土，四处流浪。这些传说大体上就是吉卜赛人起源于埃及的由来。此说流传了几百年，影响深远，乃至部分吉卜赛人也认为他们的祖先是埃及人。由于这种说法是以传说为基础，缺乏史实依据，不少学者对此多持否定意见。

直到18世纪80年代，德国学者鲁迪格与格雷尔曼，以及英国学者雅各布·布赖恩，他们都是语言学家，这三位专家几乎是同时通过语言的比较研究，发现吉卜赛人方言中的许多词汇与印度的梵文及印度语族的印地语非常类似，因而推断吉卜赛人的祖籍在印度，他们的祖先是早就居住在北印度的多姆人。后来学者们又从社会制度、文化和习俗方面对这一古老民族作了较为系统的研究。通过考证得知，古代印度的多姆人早在公元4世纪就以爱好音乐与占卜著称。他们中有些人能歌善舞，常以此卖艺谋生，闯荡江湖，没有固定的职业。虽然个别技艺高超者受到当时统治者的青睐，但多数人仍从事诸如更夫、清道夫等低贱职业，受到其它民族的歧视，不许他们与外族人通婚。据说有些地方的多姆人，为了适应各地的生活条件，能讲两三国语言，并有冶炼和制造金属器皿的技艺。令人感到有兴趣的是，不少多姆人和今天的吉卜赛人一样是小炉匠，他们走乡串户，为所在地农民焊盆补锅，修理农具。和我国手艺人使用的手拉风箱不同，多姆人使用的风箱是皮革做成的两个口袋，用脚踏鼓风。后来欧洲的吉卜赛人也使用过这种独特的鼓风器具。

一般认为，吉卜赛人经屡次迁徙，离开印度，11 世纪到波斯，14 世纪初到东南欧，15 世纪到西欧。到 20 世纪下半叶，吉卜赛人的踪迹已遍布北美和南美，并到达澳大利亚。吉卜赛人是印度多姆人的后裔之说，目前虽为不少人所接受，但沧海桑田，岁月悠悠，何处是吉卜赛人的故土？尚须学者们继续努力，争取早日达到共识。

【片言碎语】 吉卜赛人又称茨冈人。茨冈人一说在不同的地域有不同的叫法，英国人称他们为吉卜赛人，法国人称他们为波希米亚人，西班牙人称他们为弗拉明戈人，俄罗斯人称他们为茨冈人，阿尔巴尼亚人称他们为埃弗吉特人，希腊人称他们为阿金加诺人，伊朗人称他们为罗里人，斯里兰卡人称他们为艾昆塔卡人……而吉卜赛人则自称为罗姆，在吉卜赛人的语言中，“罗姆”的原义是“人”。

扶桑究竟指哪里

历史上，关于扶桑一词究竟指哪里一直争论不休。

一说扶桑指曲阜及其周围一带。此说以刘夫德《扶桑考》为代表，通过对《楚辞·离骚》“饮余马于咸池兮，总余辔乎扶桑”的深入考证，认为扶桑是指考古学上鲁南、苏北一带的青莲岗—大汶口文化区。确切地说，是指曲阜及其周围一带。

还有一种观点认为扶桑只是指一个东方的幻想国。这种观点以王元化《扶桑考辨》一文为代表，该文认为，所谓日本国书中提到的“日出处天子”、“日没处天子”，是日本方面的自称，隋炀帝当时不仅没有承认日本是“日出处天子”，而且因其无礼而加以拒绝，所以《隋书·东夷传》中仍称日本为倭国。王维诗句中出现的“扶桑”，实际上也没有说扶桑就是日本。至于近现代学者的引申，则难以为证。所以得出结论，自古以来相沿以扶桑为日本的，并不是中国人，而是日本人。在否定“日本说”的同时，王氏依据《日本历史大辞典》上的释文，进而提出扶桑只是指一个东方的幻想国的观点，认为这一经过日本学人反复探讨的说法，是持平的，也是较科学的。

一些考古证据也认为指墨西哥：18、19 世纪美洲大陆考古出土了许多文物，像碑刻、带有象形文字的陶器，还有古钱等等，这些出土的文物经过专家的仔细比较，发现这些遥远的美洲大陆上的古代遗物竟然与古代中国的文物有着惊人的相似。早在 1761 年，有一个学者名叫金勒，他已经根据《梁书》的记载，指出扶桑国是北美洲的墨西哥，并且认为发现新大陆的可能以中国人为最早。1872 年又有一个学者名叫威宁，完全支持金勒的主张，认为扶桑国必是墨西哥。据说，所谓扶桑木，就是古代墨西哥人所谓“龙舌兰”。它到处生长，高达 36 尺。墨西哥人日常饮食和衣料等，无不仰仗这种植物。在墨西哥出土的许多碑刻中，有一些人像与我国南京明陵的大石像相似。还有的石碑有一个大龟，高 8 英尺，重 20 吨以上，雕着许多象形文字。据考古家判断，这些显然都受了中国古代文化的影响。苏联科学院出版的《美洲印第安人》一书，还证明古代的墨西哥和秘鲁等地，“会熔炼金、银、白金、铜以及铜和铅的合金——青铜，却没有发现任何地方会炼铁的。”这一点与《梁书》的记载也完全相符。

扶桑究竟作何解释，仍有待于进一步探讨。

【片言碎语】扶桑在上古时代，成为中华文化的一个重要特征。扶桑代表了中国先民的宇宙观。

婆腊伐王朝是哪族人创立的

婆腊伐王朝是由婆腊伐人创立的，但婆腊伐人究竟是些什么样的人？对此问题，史学界一直有争论，各种假说与推测皆有。

公元 7 世纪中叶，中国僧人玄奘访问了婆腊伐王朝的首都建志，给他留下了深刻的印象：该地土地沃润、稼穑丰盛，多花果、出宝物。气序温署，风俗勇烈。深笃信义，高尚博识；婆腊伐王朝的建筑和雕刻学派是印度学派中最重要和最有趣的一种。在朱罗风格发展起来以前，南印度是婆腊伐风格的天下，婆腊伐人创建了洞窟式的建筑。国外印度史专家认为，印度的建筑和雕刻史在南方是以 6 世纪末在婆腊伐的统治下开始的，建志还是梵文研究的中心。婆腊伐王朝的许多国王具有雄才大略和文治武功，威泽四方。通过征服战争，推翻了占据克里希纳河和哥达瓦里河三角洲的伊克命伐库王朝，还推翻了伽丹巴诸统治者，兼并其王国，成为称霸一时的庞大帝国。到 9 世纪时，婆腊伐王朝日趋衰落，一个封臣的儿子杀死了婆腊伐王朝的最后一个帝王，婆腊伐帝国至此告终。

一种说法是，婆腊伐人是和西北印度的帕拉维人或安息人有关的外国侵入者的一支变种。此说将婆腊伐人和帕拉维人即帕提亚人联系起来，视为一族，设想帕拉瓦人是帕拉维血统的人，他们在公元 2 世纪塞种人与萨塔瓦哈那人的战争中从西印度迁移到印度半岛东海岸。这种说法只是根据两个部族名字的表面相似而得出的，没有更多实质上的依据，所以很容易被驳倒。

另一种说法为，婆腊伐人起源于朱罗纳伽，属于南端的锡兰。然而，婆腊伐人对朱罗人的传统的敌对态度以及婆腊伐文化明显的北方特征又与这种说法不相符合，朱罗人、潘地亚人和哲罗人都是南端的土著。因此有人推测，婆腊伐人是来自文吉的一个部落。印著名史家恩·克·辛哈、阿·克·班纳吉和 R.塔帕尔财认为，婆腊伐人在他们早期记载中使用俗文，但奖励对梵文的学习，并且举行过“马祭”。基于这些历史事实，再加上他们自称为婆罗门的后裔，因此他们实际上是有婆罗门血统的北方人。

另外有一些人的看法则是根据一个美丽动人的传说而来的。据说，一位青年王子爱上了另一个世界的那加（Naga）族公主，当他最后不得不离开她时，他对公主说，如果她把一根嫩藤条或细枝系在他们未来的孩子身上，并使孩子被水漂走，当他看到这些嫩枝时，就会承认这个孩子并授予此孩子部分国土。公主照此行事，其孩子得到了正式承认，并被立为婆腊伐（其字面含义是“一根嫩枝”）王朝的奠基者。根据这个传奇故事可以推断，婆腊伐王朝的建立者是外邦人，这个王朝是通过明智的联姻而崛起的，那加族酋长就是当时权力的象征。

还有一种比较流行的说法是，婆腊伐人是外邦人，他们是通过征服战争而建立的。以后，通过文化交流，宗教活动和各种社会生活，婆腊伐人的文化与当地文化融合，形成了一种新的混合文化。例如，婆腊伐王朝的国王被称为“按照大法统治的伟大的诸王之王”，这一称呼中，“伟大的诸王之王”是北方的惯称，而“按照大法统治”这种说法则系婆腊伐人的当地用语。

总之，婆腊伐人究竟是何人？他们来自何处？以什么样的方式建立的王朝等等均无一致看法，是一个需要解决的遗留问题。

【片言碎语】公元 4 至 6 世纪，婆腊伐王朝建都于建志，即现在的马德拉斯附近的康契普腊姆，它控制了卡纳拉的若干县和克里希纳河口的安陀罗国的南部。这就是婆腊伐国（帕拉瓦国），又称建志帝国。

绿孩子的传说

世界各地几乎都有绿孩子的传说，到底这些传说不能证明他们是外星人呢？一直以来困扰着人们。

在 12 世纪时出现于英国索夫克郡伍匹德的一个乡村里。一个男孩一个女孩，他们一身绿色的皮肤，此外一切外表都跟平常人一样。他们说着一种不为人知的语言，除了豆荚里的豆子他拒绝吃任何食物。后来，他们的皮肤褪去了绿色。当他们学会了英语，向人们解释说，他们来自“圣马丁地”，那里是个黑暗的地方，因为太阳在地平线下，从来不见升起。

1887 年 8 月的一天，对西班牙班贺斯附近的居民来说，是终生难忘的。这天人们突然看见从山洞里走出两个绿孩子。人们简直不敢相信自己的眼睛，就十分小心翼翼地走到跟前仔细观看。没错，这两个孩子的皮肤真是绿色的，身上穿的衣服的面料也从来没有见过。他们不会说西班牙语，而只是惊恐地不知所措地站着。好奇和同情心使人们很快给这两个孩子送来了食物，可惜起初他们不肯进食，那个男孩很快死去了。

而那绿女孩还比较乖巧，她居然学会了一些西班牙语，并能和人们交谈。据她后来自己解释自己的来历时说，他们是来自一个没有太阳的地方，有一天，被旋风卷起，后来就被抛落在那个山洞里。

这个绿女孩后来又活了 5 年，于 1892 年死去。至于她到底从哪里来，为什么皮肤是绿色，人们始终无法找到答案。

这两次奇怪的事件，始终使人们困惑不解。因为人们都知道地球上的人只有白、黄、黑三种肤色，而有些自称见过外星人的人在说到外星人时，总是把他们描绘成身材矮小，身体绿色的类人生物，而绿孩子自称的“没有太阳的地方”，到底是哪儿？也没有人能够解释。

【片言碎语】 科学家们指出，在浩瀚的宇宙中，类人生物肯定不是唯独我们人类。仅仅在银河系就还有 1.8 万颗行星适合类人生物居住，这里面至少有 10 颗行星的文明能得到发展并很可能超过我们地球。所以即使真的有小绿孩子来光顾我们的地球，我们也将不足为怪地欢迎他们。

白人、黑人起源于何处

世界上有多色人种，他们都起源于何处？特别是白人与黑人的最早起源地，长期来是科学家们关心考证的热门之一。

关于白种人的起源地，大体有三种说法：一种意见认为，尼安德特人（按：1856 年人类学家在德国杜塞尔多夫城的尼安德特河谷，发现了早期智人，亦称古人的化石，因此，人类学家把这一类型的化石统称为尼安德特人，简称“尼人”）不是白人的祖先，尼人灭绝了，没有后裔。现代欧洲的白种人来自亚洲西部或非洲，他们在侵入欧洲的尼人区域，消灭土著尼人后，成为现代的白种人。第二种意见则认为现代欧洲的白种人是由当地的尼人直接演化而成。第三种意见是综合说，即认为欧洲的白种人是由当地的尼人和外来人群混杂而成的。理由是尼人的某些特征，如高耸的鼻子与今天的欧洲人相似，另一方面又有一些化石证据表明欧洲邻近地区现代人形成的年代远早于欧洲，他们后来迁入欧洲，虽有可能有时与当地的尼人发生冲突，但结果总是互相混杂，产生了现存于欧洲的人群。

至于黑种人的起源，以前认为非洲的黑人起源于非洲西部，然后向南迁移。但根据科学家的考证研究，1983 年报道说，在南非瓜祖卢的边界洞中发现了据说是 11 万年前的一个破碎的成人头骨、两个成人的颌骨和一个婴儿的骨骼，具有现代黑人的特征，结合其它的证据，从而认为非洲最早的黑人起源于非洲南部，然后再向北向西迁移的。除以上不同说法外，更引人发生兴趣的是美国又有学者提出，不管黑人还是白人都起源于亚洲的看法，理由是在36万~18万年前，他们都具有相似的遗传基因。据美国加利福尼亚大学的布朗博士（生物化学）通过解析人体细胞中的线粒体这个小器官的遗传基因的研究，得出了不管黑人、白人还是黄色人种，如果追溯到18万年到36万年前，可以发现是同一个祖先的结论。

现代人的祖先是谁，这是人类学的重要谜团之一。而根据在分子生物学方面的研究，发现“现代人的遗传基因和亚洲猴相近”，布朗博士的发现似乎成了论证“不管黑人白人，其祖先都起源于亚洲”这一说法的有力证据。“线粒体”是细胞内的“能源供给工厂”，具有独自的小遗传基因。布朗博士从13名白人、4名黄种人、4名黑人共21人的细胞里取出线粒体基因，用18种酶切碎，把基因组成型作比较。结果，每种型的片段的组成要素出现了和每个人种非常相似的型。

人类的祖先是谁，至今也不是那么清楚。有些学者认为，尼安德特人的化石虽然在欧洲和西亚大量出土，但其形态和现在的人有很大差异，所以，是否是现代人的直接祖先值得怀疑。为解开这个谜，美国学者曾使用狒狒的病毒基因作为标准进行了研究。结果发现现在的人的基因与其说像非洲猴，不如说更近似于亚洲猴，指出了现在的人可能起源于亚洲。

另外，根据在我国陕西大荔县发现的大约20万年前早期智人（古人）的基本完整的头盖骨化石的研究（具有北京猿人和新人的共同的要素），我国古人类学界有人认为，不管黑人、白人还是黄色人种都是从50万年前的北京猿人进化到大荔人，并和现代人有明显联系。美国的布朗博士指出：“诞生各人种共同祖先的36万年至18万年前”是相当于亚洲出现大荔人、欧洲出现尼安德特人的时代。尼人在几万年前就完全灭绝了，而在同一个时期亚洲的大荔人不仅是黄色人种，而且也是白人和黑人的共同祖先。

【片言碎语】白人、黑人起源何处？布朗博士的研究成果，是否能解决这个疑案，就目前科学发展水平来看，也只能是一家之言而已。何日得以定论，人们拭目以待。

美洲印第安人的祖先之谜

美洲印第安人的形象一旦显现于世人的视野，一个颇费猜测而又意义重大的问题随之出现：这些强悍的土著居民究竟最初生活在世界的哪个角落？是土生土长还是从其它大陆迁徙而来？从16世纪起，围绕着这一问题，人们提出了形形色色的猜测和假说。

早先的猜测来自当时进入美洲大陆传送“福音”的传教士。一位西班牙神父认为，原先居住在巴勒斯坦北部的希伯来人部落，于公元前7世纪时因战祸来到美洲避难而定居下来，他们是美洲人的真正祖先。16世纪中叶出版的《多种语言圣经》一书，还指出美洲土著居民的祖先是圣经人物诺亚的儿子史姆。还有人以古代传说为依据，认为大西洋中曾经有过一个阿特兰提斯岛，在一场地震后遭到灭顶之灾。岛上居民纷纷逃离，其中一部分人来到美洲，成为印第安人的祖先。这类猜测显然难以令人置信。

19世纪以来，随着考古学和古人类学等学科的迅速发展，一种把印第安人视作民族迁徙结果的见解开始流行。许多学者提出，鉴于对北美洲长久的考古发掘，至今尚未找到类人猿或直立猿之类的人类近亲的遗迹，可以认定，美洲印第安人是从西伯利亚移居而来的蒙古族旁系种族或蒙古族以前的种族派生的。持这一见解的有美国的亚历斯·赫古德利克、英国的赫顿·布罗德里克和中国学者黄绍湘等人。在关于移居路线方面，一般都认为是取道北美洲西部的白令海峡，从阿拉斯加岛屿登陆而入的。但对于迁徙的具体时间，则存在着一些不同的看法。有的认为当在约 2.5 万年前的末次冰川时期，也有人认为至少在五六万年以前，或者认为不过 1 万年左右，等等。

我国学者在“白令海峡说”的基础上还提出了引人注目的“华北人说”。此说指出，1972 年至 1974 年，在我国河北阳原县虎头梁村附近的地层中挖掘到两百多件楔状石核，经考证与北美阿克马克印第安遗址中发现的楔状石核相似。因而有理由相信，美洲印第安人的祖先，很可能是我国华北的古代猎人经由戈壁沙漠、我国东北地区和西伯利亚、白令海峡而进入美洲的。认为印第安人是亚洲蒙古族后裔的学者，许多是从人种学上寻找依据。

印第安人像

他们准确地指出，美洲印第安人与亚洲人在种族特征上最为相近，如头发乌黑粗硬，汗毛稀疏，脸部平宽和颧骨突出、皮肤呈黄色等，因而可以肯定印第安人是属于亚洲人种的一支。

作为对上述见解的补充，有人还提出大洋洲人（澳大利亚人、毛里人和波利尼西亚人等）也是一部分美洲印第安人的祖先。他们提出南美洲印第安人在种族特征上与亚洲蒙古人种之间存在着一些差异，就是受了大洋洲人影响。一些地区出土的古人类化石在特征上的共同点表现为：身材短矮、下巴突出、脑壳后伸和眉弓突出等。此外，在最早的印第安人语言中，也存在着数百个被认为来自大洋洲的词语。

还有一种不同的意见，认为美洲印第安人的祖先来自南北极，指出地球在形成以后，南北两极最先开始冷却；因此，那里是最早具备了生态条件的地方，能够生长动植物乃至养育人类。

与上述各种“迁徙说”截然不同，也有少数学者提出了美洲印第安人是土生土长的见解。美国的萨穆埃尔·莫尔顿和瑞士的刘易斯·阿加西斯等研究者就坚持这种看法。他们明确表示，正如世界上其它大陆能够产生其它人种一样，美洲大陆所具备的生态条件和成长环境能够产生自己的人种；美洲印第安人便是生于斯长于斯的例证。他们在美洲各个角落分别孤立地演进到全盛时期。甚至还有人由此更进一步认为，地球上所有地区的人类都发源于美洲大陆，并随后向世界各地扩散。因此，基于这种见解，他们提出了“美洲是人类的摇篮”的论点。

美洲印第安人的起源问题是伴随着美洲“新大陆”的开辟而同时产生的。

在经历了几个世纪的探索和争论后，虽然产生了各种各样的观点和假说，然而无论何种说法都不能确切地解答美洲印第安人的起源问题，人们至今仍然难以作出科学解答。

【片言碎语】“印第安人”一名首创于哥伦布，意指“印度的居民”。1492年，哥伦布登上圣萨尔瓦多岛，狂喜中误将美洲大陆当作东方的印度，并且一误再误地把包括爱斯基摩人、阿留申人和易洛魁人等在内的当地土著居民一概唤作“印第安人”。

无限的科学奥秘

地球内部的奥秘

一直以来，人们力图探寻地球内部的奥秘。18 世纪，人们计算出地球的平均密度后发现：地球内部的平均密度为 5.52 克每立方厘米，而地球表面岩石的平均密度是 2.67 克每立方厘米，两者相差 1 倍多。这说明地球内部一定存在着重物质。

19 世纪中期以后，人类开始大规模地探索地球内部的奥秘。地球物理学家通过地震仪测量发现，每当发生巨大地震时，受到强烈冲击的地下岩石会产生弹性震动，并以波的形式向四周传播。这种弹性波就是地震波，地震波分为纵波（P 波）和横波（S 波）。纵波可以通过固体、液体和气体传播，且传播速度较快；横波只能通过固体传播，传播速度较慢。由此可知，随着所通过物质的性质的变化，纵波和横波的传播速度也会发生变化。

1909 年 10 月 8 日，萨格勒布地区发生了一次强烈地震，南斯拉夫的地震学家莫霍洛维奇经过研究发现地震波在传到地面下33千米处发生了折射现象，于是他认为这个发生折射的地带正是地壳和地壳下面物质的分界面。1914年，在一次地震中，美国地震学家古登堡又发现在地表下面2900千米处，纵波的传播突然急剧变慢，横波则完全消失了，这说明存在着另一个不同物质的分界面。后来，人们为纪念他们，将以上两个不同的界面分别命名为“莫霍面”和“古登堡面”。

地球

地球内部以莫霍面和古登堡面为分界，分为地壳、地幔和地核三个圈层。地壳是地球的最外层，指从地面到莫霍面之间很薄的一层固体外壳。地壳主要由各种岩石组成，高低不平，平均厚度为17千米，大陆部分远比海洋部分厚，平均厚度为33千米，高山、高原地区甚至厚达60~70千米，海洋地壳平均厚度仅有6千米。

地幔位于地壳和地核之间，是从莫霍面以下到古登堡面以上的一层固体物质。这一层的主要成分是铁镁的硅酸盐类，其含量由上而下逐渐增加。这一层分为上地幔和下地幔，深度为从地下5~70千米以下到地下2900千米以上，从莫霍面到1000千米深处是上地幔，地下50~250千米是上地幔顶部，这里存在一个软流层，岩浆可能就是发源于此。地下1000~2900千米深处是下地幔，其温度、压力和密度都比上地幔大，物质状态可能不再是固体，而是可塑性固体。

地核是地球的中心部分，位于地球的最里层。1936年，丹麦地质学家莱曼通过对地核中传播的地震波速度的测量，发现地核又可分为外核和内核两部分。外核在2900~5000千米深处，物质状态接近液体。内核又叫“铁镍核心”，在5000千米以下深处，其温度、压力和密度更高了，物质成分近似于铁镍陨石。

美国科学家做了大量的模拟实验后发现地核温度从内到外温度逐渐降低，地球中心的温度大约是6880℃；内外核相交面的温度是6590℃，略低于地球中心；外核与地幔的相交面的温度更低，是4780℃。除此之外，科学家还发现，地球内核的压力极大，每6.5平方厘米为2200万千克，是海平面的地球大气压的330万倍。

近年来，借助大型计算机，研究人员从地面上3000个监测站收集到了大量的地震观察情报，并对之进行了综合分析，描成一张总图，结果发现：地核表面布满“山头”和凹凸不平的地带，结构与海洋相似，充满了低密度流体。

20世纪90年代，在中欧的小城温迪施埃中巴赤，人们钻探出了一个直径22厘米、深14千米的世界上最深的洞。这个地区地理情况十分特殊，这里的岩石有30千米厚，并向地表突出。历史上古老的欧洲板块和非洲板块在这里相互碰撞，彼此推挤和啮合。正是由于这种地理情况的存在，地质学家们打算用管状的、中空的特殊钻孔器旋出岩心，把这些岩心提取上来，但这次努力最后还是以失败而告终。

【片言碎语】经过多次失败，人们不得不暂时承认，肉眼不能直接看到地球内部的情景，只能通过火山喷发出来的物质来了解地球内部的化学组成和物理性质，或采用先前采用过的地震观测等间接方法来观测地球内部。但是我们相信，总有一天人类能够揭开地球内部的奥秘。

图坦卡蒙陵揭秘

图坦卡蒙陵寝的发现是埃及考古工作成就的顶峰，也是埃及考古史上一个重要的转折点，这一伟大的发现是与一位名叫霍华德·卡特的英国考古学家的名字联系在一起的。此外，资助他进行发掘的卡纳冯勋爵也参与了这一最伟大的发现。

1903 年，卡特前往埃及。1906 年，他自己着手进行考古挖掘工作。一开始，他们选定了帝王谷里一小块面积准备进行挖掘，这块地方选对了，应该说运气不错。

卡纳冯和卡特站在山头向下俯视着帝王谷，以前已经有几十个人在那里挖掘过，可惜那些先行者却没有留下一份详细的地图，哪怕是一纸草图。谷里遍地是大堆挖出的碎石，整个谷底看起来有点像月球的表面，乱石堆之间是一座座陵墓的入口，而这都是早已开发的墓葬了，如今唯一的办法只能是系统地全面挖掘下去。

埃及文物管理局长马斯皮罗签署批准卡纳冯勋爵开发帝王谷的文件时坦率地谈明，他认为这块墓区已经被挖掘干净，现在再去调查研究纯属浪费时间，他可以肯定帝王谷再也挖不出什么东西了。

卡特在听到这许多否定的说法后，仍然认为有可能发现古墓，而且知道是谁的陵墓。

卡纳冯和卡特开始挖掘了。干了一冬以后，他们基本清除了表层地面的碎石堆，并挖到拉美西斯六世的墓。“我们发现许多当年建陵工人的房舍，都造在巨大的岩石上，而帝王谷里这类岩石附近往往可以找到墓葬。”

可是又继续了两冬后，他们仍然没有真正的收获。几经商量之后，他们决定再挖掘最后一个冬季。这次挖掘的地方，是卡特6年前就应该集中挖掘的目标。他们拆去工房，清走覆土，立刻看到图坦卡蒙墓的入口，这是埃及最为豪华的陵寝。卡特写道：“这突然的发现真使我瞠目结舌，接着一连数月不断的收获接踵而至，忙得连想一想都来不及。”

1922年11月24日，工人们清出了最后一级石阶。卡特走下16级石阶，面对着封闭的墓室门，他清楚地看清了图坦卡蒙的封戳，但同时他也看出了埃及考古学家经常遇到的情况——陵寝已经被人挖过，盗墓贼也在这里做过手脚。

不过，盗墓者并没有把墓室洗劫一空。随着第二道门的清出，他们看见了许多了不起的东西。其中有许多贵重的文物是容易损坏的，迁出以前必须进行保护性的处理，至少在迁出以后立即进行这种处理，为此必须准备大量的保护和包装材料。

从发现陵墓起，全世界各地都有许多人表示愿意提供慷慨的帮助。有许多外地专家参加了工作，为把这项空前的埃及考古做得更彻底、更精确贡献了力量。

这些人都是第一流的专家，有些人的专业是和考古学无关的，由于他们共同的努力，这座陵墓中的文物安全顺利搬出以后，为科学作出了空前的贡献。

其中，图坦卡蒙石棺的出土最令人振奋。这是一部杰作：全棺用一整块质地细密的黄色石英岩凿成，重约1吨。打开石棺，人们首先看到的是一具“人形棺”的棺盖，上面仰卧着那位年幼的国王的金像，那黄金像初出熔炉一样亮得耀眼。金像的头和双手铸成立体的，身体用浅浮雕，周身装饰极为华丽：双手交叉，握着象征王权的钩和连枷，上面用蓝釉镶嵌，脸用纯金铸成，眼睛是霰石和黑曜岩做的，眉和眼睑是大青石玻璃做的，脸上表情严肃而淡漠，但栩栩如生。

棺材是三层套棺，第二层的盖上是那位年轻的法老的像，他身穿礼服，周身是华丽装饰。打开第三层套棺时并没有发现更多的新东西，但在整个操作过程中工人们觉得这些套棺重得出奇，使人难以理解。这座墓里的稀奇现象层出不穷，这时人们又发现了一件。

摄影帅伯尔顿拍过照片，卡特去掉花环和裹布，才弄明白棺材沉重的原因——第三层棺材整个是纯金造成的。人们松下几个黄金佛头，然后手提金握柄移开最后一层套棺的棺盖，露出了木乃伊，大家终于看到了图坦卡蒙的遗体。

从墓中许多画面和浮雕以及日用品来看，图坦卡蒙给人的印象是性格比较可爱的，但是关于他的政绩或作为埃及的统治者有何建树现在一无所知，只活了 18 年的国王大约是不会有什么重大成就的。卡特说，“就我们所知，图坦卡蒙一生唯一出色的成绩就是他死了并且被埋葬了”这话是有道理的。

这位法老的干尸既豪华又可怕。尸体上浇灌了大量的油膏，这些油膏已经干硬，变成黑色，把寿衣紧紧地粘在尸体上。

整个干尸已经变黑并变了形，但头部和肩部盖着的一个黄金面罩却金光闪闪，显出帝王的尊严，黄金面罩与干尸的双脚没有粘上黑油。

第二层棺是木棺，第三层棺是金棺，它套在第二层的木棺里。人们几次试图把它们分开，但都没有做到，最后把整个棺材加热到 932℃，费了很大力气才成功。移出干尸以后，人们把金棺用锡片套起加以保护。

解剖学家德利医生剪开了干尸和外层包裹布，除脸部和双脚未粘油脂外，整个干尸已经坏得不成样子了。油脂所含松香的氧化作用造成一种燃烧现象，不仅毁坏了裹布，连肌肉和骨头都烧成了焦炭。在干尸的裹布里一共发现了143块各类宝石，这位年仅18岁的法老是用黄金和珠宝层层包裹起来的。

【片言碎语】 图坦卡蒙是古埃及新王国时期第十八王朝的法老，他原来的名字叫“图坦卡吞”，图坦卡蒙意思是“阿吞”的形象，后改为图坦卡蒙，意思是“阿蒙”的形象，说明他的信仰从崇拜阿吞神向崇拜阿蒙神转变，图坦卡蒙9岁君临天下，19岁暴亡，死因一度悬于谋杀，图坦卡蒙并不是在古埃及历史上功绩最为卓著的法老，但因数千年后其古墓曝光于世，成为最著名的法老之一。

厄尔尼诺现象之谜

近些年，每当人们讨论气候和自然灾害的时候，往往会提到这样一个名词：厄尔尼诺。在各种媒体上，它的出现频率也非常高。在人们眼里，厄尔尼诺显然已成了“灾星”的代名词。

厄尔尼诺是南美洲秘鲁渔民最早对影响当地鱼流的秘鲁近海暖流的通俗叫法，在西班牙语中是“圣婴”的意思，指的是圣诞节前后发生在南美洲的秘鲁和厄尔尼诺附近，即赤道太平洋东部和中部海水大范围持续异常偏暖现象。厄尔尼诺现象不仅扰乱秘鲁渔民的正常渔业生产，引起当地气候反常，而且在厄尔尼诺现象强烈的年份，还会给全球气候带来重大影响。主要表现在：从北半球到南半球，从非洲到拉美，气候变得异常，该凉爽的地方骄阳似火，温暖如春的季节突然下起大雪，雨季到来却迟迟滴雨不下，正值旱季却洪水泛滥……

现在，对厄尔尼诺已有了一个基本一致的定义，用一句话来说：厄尔尼诺是热带大气和海洋相互作用的产物，它原是指赤道海面的一种异常增温，现在其定义为在全球范围内，海气相互作用下造成的气候异常。它表示一系列的海气反常现象，主要有以下几方面：东太平洋赤道以南海域冷水区的消失，太平洋赤道地区东南信风的消失，西太平洋赤道地区的热水向东部扩散，由上述三种现象引起的一系列气候反常。据专家统计，厄尔尼诺大约每过 2~7 年出现一次，但却没有一定的周期性，每次发生的强度不尽相同（即表层海温的异常程度不同），持续时间也有差别，短的持续半年，长的持续一年以上。

厄尔尼诺现象影响委内瑞拉河流水位

但到目前为止，科学家们依然没弄清厄尔尼诺现象发生的原因。

有一种观点目前较为盛行，这就是大气因子论。这种观点认为，赤道太平洋受信风影响，形成了海温和水位西高东低的形势。与此同时，在赤道太平洋西侧的上升气流和东侧的下沉气流的影响下，信风会加强；一旦信风减弱，太平洋西侧的海水就会回流东方，赤道东段和中段太平洋的海温因此会异常升高，从而导致厄尔尼诺现象的发生。

气象学家已经证实，厄尔尼诺确实会引发世界上一些地区气候异常及气象灾害，如干旱、洪涝、沙尘暴、森林大火等。因为海洋在厄尔尼诺的影响下，表面温度上升 3~6℃，导致地球大气的正常环流受到干扰，结果全球气候都因此变得异常，自然灾害迭起，并最终影响地球陆地生态系统。

随着科技的发展和科学家经验的积累，在过去的几十年中，对厄尔尼诺的研究工作已取得较大进展。

1997 年 9 月，科学家们利用气象监测卫星收集到了大量数据，并据此得到了一张图片。他们发现了一块水域，其水面要高出正常情况 33 厘米，这是因为肆虐的贸易风推动了温暖的热带海水。它表明，一次剧烈的厄尔尼诺现象正在进行中。果然，在随后的几个月中，该水域对气候的影响逐渐显露出来，全球各地区几乎无一幸免。

【片言碎语】今天，天文学观测手段和计算机技术越来越先进，厄尔尼诺现象也越来越被人们所了解，但依然有很多未解之谜需要我们继续探索研究。

怪风揭秘

风是一种常见的自然现象，但是，大自然也造出了许多怪风，它就像在空中飘荡的幽灵，给人类的生产、生活带来了危害。

有一句俗语：清明前后刮“鬼风”，这种所谓的“鬼风”能转着圈跟着人走。世界上当然是没有鬼的，这种风其实是一种尘卷风，它一旦遇到障碍物，便会改变前进的方向，在一个地方打转，有时它还夹带着泥沙、纸屑旋转上升。

有一种叫“焚风”的风可以把东西点燃，在干燥季节能使树叶、杂草等着火，引起火灾；冬季，这种风可以使积雪在很短时间里融化，造成雪崩。焚风最早是指气流越过阿尔卑斯山后在德国、奥地利和瑞士山谷的一种热而干燥的风。实际上在世界其它地区也有焚风，如北美的落基山、中亚西亚山地、高加索山、中国新疆吐鲁番盆地。这种风主要是因为受到山脉阻挡时沿着山坡上升而形成的。

一般来说，空气流动遇山受阻时会出现爬坡或绕流。气流在迎风坡上升时，温度会随之降低。空气上升到一定高度时，水汽遇冷出现凝结，以雨雪形式降落。空气到达山脊附近后，变得干燥，然后在背风坡一侧顺坡下降，并以干绝热率增温。因此，空气沿着高山峻岭沉降到山麓的时候，气温常有大幅度的升高，从而形成焚风。焚风常造成农作物和林木干枯，也易引起森林火灾，遇特定地形，还会引起局地风灾，造成人员伤亡和经济损失。

阿尔卑斯山脉在刮焚风的日子里，白天温度可突然升高20℃以上，初春的天气会变得像盛夏一样，不仅热，而且十分干燥，经常发生火灾。2002年11月14日夜间：时速高达每小时160千米的焚风风暴开始袭击奥地利西部和南部部分地区，数百栋民房屋顶被风刮跑，300公顷森林的大树被连根拔起或折断。风暴还造成一些地区电力供应和电话通讯中断，公路铁路交通受阻。

在怪风家族里，不仅有可以点燃东西的焚风，还有无比寒冷的布拉风。约100年前，俄国黑海舰队的四艘舰艇停在海岸边，忽然刮来一阵狂风，卷起千层巨浪，刹那间船被冻成了一座冰山，最后全部沉没。布拉风是一种具有飓风力量的极冷的风。2002年12月，海测艇和辅助船“北冰圈”号由于没有及时进入公海，被布拉风吹得冰冻起来并沉入海底。

人们经过研究发现，这种可怕的风是因为陆地上空控制的冷空气团和不断上升的海上热空气之间的气压差而形成的。这种风的风力可以达到12级，甚至超过12级，具有极强的摧毁力与破坏力，在这种风的袭击下，一切事物都可被摧毁。

上面说的这些风虽然很奇怪，但要说对人类危害最大的还得算台风。台风是一种形成于热带海洋上的风暴，太阳的照射使海面上的空气急剧变热、上升，冷空气从四面八方迅速聚拢来，热空气不断上升，直到到达高空变为冷空气为止。这些热空气冷凝后，立即变为暴雨，四面八方冲来的冷空气夹着狂风暴雨形成了一个大漩涡，从而形成台风。台风对人类危害极大，它有时会把大树连根拔起，会把房顶掀掉，伴随狂风而来的瓢泼大雨还会淹没庄稼、中断交通。海面上，台风的破坏力更是惊人，它掀起滔天巨浪，威胁着海上作业人员和航行船只的安全。如果台风在空中产生带有垂直转轴的漩涡，就会形成龙卷风，这是一种强烈的小范围旋风，其破坏力远远大于台风。上海浦东地区就曾受到过龙卷风的袭击，那场风把一只11吨重的储油罐轻而易举地抛到120米以外。

台风理所当然是一种恐怖的怪风，然而怪风家族里的一些“微风”也具有一定的破坏力。

一个晴朗的夏夜，一座70米高的铁塔在一声巨响中轰然倒塌了。当时除了阵阵微风外，没有任何异常情况，当时人们不知道铁塔为何而塌。后来，人们才发现当气流贴着物体流动时，会形成一个个小漩涡，这漩涡会产生一种使物体左右摇摆的力，从而危及建筑物。建筑物的设计师们只注意到大风，却没有注意到这种微风的破坏力，前面讲的那座铁塔就是被这微风吹倒的。

【片言碎语】怪风虽怪，但如果我们巧妙地加以利用，有些怪风也可以为人类造福。比如，人们利用“钦罗克”风带来的热量，在经常出现“钦罗克”风的地方种植一些作物和果树，便可利用“钦罗克”风带来的热量来促进植物的生长，从而使当地也可种植一些原本要栽在南方的植物。同时，作物和水果的品质也得到了改善。只要我们能够认识它们，善加利用，就一定会找到办法兴利避害，让怪风为人类服务。

球状闪电之谜

夏天，雷电交加的晚上雷声隆隆，火花在天空中闪亮，一道道明亮刺眼的闪电划破寂静的夜空。闪电是人们司空见惯的一种自然现象。专家计算过，全世界平均每秒钟就要发生 100 次闪电。人们常常见到的闪电大多是分岔的枝条状而非平直的线条状，科学家对此有着不同的解释。

科学家解释说，大气放电过程中存在两种媒介，即中性气体和一个充斥着电离气体的“通道”。“通道”在一定的时机会成为一个导体，放电时电流进行自由的流动，而电离气体和中性气体由于界限的不稳定就会出现交融，因而出现了分岔的枝条状现象。这一现象类似两种不同黏度的液体互相渗透出现的结果一样。

科学家还解释说，分枝现象是否出现取决于电场的强度。如果电场强度大，也有可能使阴极和阳极气体迅速形成“枝繁叶茂”的闪电现象。

除了树枝状的闪电以外，还有一种球状闪电也是多年来科学家研究探索的现象之一。几乎所有的报道都表明，球状闪电出现在雷暴天气下，且尾随于一次普通闪电之后。它出现时常漂浮在离地面不远的空中，接触地面后常反弹起来，而被接触的物质通常会被烧焦。

目前，国内外有很多关于球状闪电的报道。十多年前出现在德国的球状闪电却很奇特。人们看到一个大火球自天而降，击在一棵大树顶上，当即分散成十多个小火球，纷纷落地，消失，犹如天女散花一样。

在苏联的一个农庄，两个孩子在牛棚的屋檐下躲雨。突然，屋前的白杨树上滚落下一个橙黄色的火球，直向他们逼来。慌乱中一个孩子踢了它一脚，轰隆一声，奇怪的火球爆炸了，两个孩子被震倒在地，但没有受伤。事后，人们才知道那个火球是罕见的球状闪电。

在美国龙尼昂威尔小城曾发生过一件怪事：一位主妇清楚地记得，她放进冰箱的食品是生的，可是在她从市场回到家里，打开电冰箱一看，发现所有的食品都成了熟食。后来，经过科学家的研究才明白，这是球状闪电开的玩笑。不知怎么搞的，它钻到电冰箱里把冰箱变成了电炉，奇怪的是，冰箱竟没有损坏。

一位名叫德莱金格的奥地利医生，在钱包被盗的当天晚上，被请去为一个遭雷击的人看病，他发现那个人的脚上印着两个“b”字，同自己丢失的钱包上的“b”字大小相同，结果钱包就在这个人的口袋里。

1962 年 7 月 22 日傍晚，我国科学工作者在泰山顶上对雷暴进行研究时，亲眼目睹了一次奇怪的球状闪电。随着一声巨响，在窗外冒雨工作的科学工作者发现一个直径约 15 厘米的红色火球从两边窗户的缝中蹿入室内，几秒钟后，又从烟囱里飘出。在离开烟囱口的瞬间，发生了爆炸，火球也消失了。桌子上的热水瓶、油灯都被震碎，烟囱也被震坏。火球所经过的床单上，留下了 10 厘米长的焦痕。

1979 年 1 月 6 日，在我国吉林市，有人曾经看到一个落地球状闪电在气象站办公室转了数圈，然后又腾空而起，往东方飞去。它像个大探照灯，一路照得通亮，最后落入松花江消失了。

1981 年 7 月 9 日，随着一声惊雷，人们看到两个橘红色的大火球，带着刺耳的呼啸声，从乌云中滚滚而下，坠落在上海浦东高桥汽车站。两个火球在地面相撞，发生一声巨响，随之消失。

1993 年 9 月 16 日晚大约 19 时 45 分，江苏省滨海县城天气异常闷热，气压很低，突然一条红火龙从该县东坎镇东村东园组的村东向西飞来，飞到一杨姓居民家周围上空时，变为一只火球蹿进屋内，紧接着一声巨响，一人遭雷击身亡，身上衣服头发均被烧光，还有二人被击昏在地，身上多处烧伤，后经抢救脱险。

球形闪电

球状闪电这种罕见的自然现象给充满好奇心的人类带来了无尽的遐想。古人在很长一段时间只能借想象来解释它，把它描绘成骑着火团的矮精灵，或者是口吐火焰、兴风作浪的怪物。

在 19 世纪初，科学家们开始了对球状闪电的漫长的探索。球状闪电虽然罕见，但两个世纪来，人们还是得到了大量的直观资料，其中包括一些科学家的目击记录。球状闪电是一种奇特的闪电，但它的形成原因至今尚未弄清。有人认为它是一团漩涡状的高温等离子体；有人认为它本身就是一种特殊形式的大气放电等。

最新的科学进展导致了一些科学家将分形理论引入球状闪电的研究，提出分形球状闪电模型：在普通闪电的一次放电瞬间产生的颗粒极小的高温微尘与周围介质碰撞并黏结成一种错综复杂的网状结构———一种分子形结构。它有相对稳定的形状，但密度极小，绝大部分体积是空隙。正是这些空隙储存了球形闪电的能量，它是一种化学能，能量的释放可能是一个链式的化学反应。

【片言碎语】从人类已掌握的自然规律出发，科学家们已提出了几十种模型，它们都能不同程度的解释球状闪电的一部分性质。然而，因为不能在实验室中对球状闪电进行直接研究，无法获得充分的数据，而目击报告中许多现象又似乎矛盾重重，所以，能得到普遍认可的模型至今还没出现。时至今日，大自然仍在炫耀它天才的创造，球形闪电里究竟隐藏着什么奥秘，相信总有一天人类能够解开这其中的谜团。

龙卷风成因之谜

在美国俄克拉荷马州阿得莫尔市曾经发生过这样一件怪事：两匹马拉着一辆大车在路上行走，车夫坐在车上，由于天气闷热，他打起了瞌睡，突然一声巨响把他惊醒。睁眼一看，两匹马和一根车辕都已经无影无踪了，而自己和车子却安然无恙。

俄克拉荷马州的一对夫妇遭到厄运：在1950年的一个晴朗的夏日，他们躺在床上休息，一声刺耳的巨响将他们惊醒，他们起来一看，什么也没有发现，以为这声音是梦中听到的，于是重新又躺了下来。但是，他们忽然发现他们的床已被弄到荒无人烟的旷野，周围没有房子，没有任何建筑物，也没有牲畜。只有一把椅子还留在他们的旁边，折叠好的衣服仍好端端地摆在上面。据说这件怪事的罪魁祸首是龙卷风。

龙卷风是云层底部下垂的漏斗状的云柱及其伴随的非常强烈的旋风。文献上记载的降下银币雨、青蛙雨、黄豆雨、铁雨、虾雨，还有血淋淋的牛头从天而降等现象，都是龙卷风把地面或水中的物体吸上天空，带到远处，随雨降落造成的。龙卷风中心气压极低，中心附近气压梯度极大，产生强大的吮吸作用。当漏斗伸到陆地表面时，把大量沙尘等物质吸到空中，形成尘柱，称陆龙卷；当漏斗伸到海面时，便吸起高大的水柱，称水龙卷或海龙卷。龙卷的袭击突然而猛烈，产生的风是地面上最强的。

在强烈龙卷风的袭击下，房子屋顶会像滑翔翼般飞起来。一旦屋顶被卷走，房子的其它部分也会跟着崩解。龙卷风的强大气流还能把上万吨的火车车厢卷入空中，把上千吨的轮船由海面抛到岸上。在美国，龙卷风每年造成的死亡人数仅次于雷电。它对建筑的破坏也相当严重，经常是毁灭性的。1925 年 3 月 18 日，一次有名的“三州旋风”遍及美国密苏里、伊利诺伊和印第安纳三个州，损失达 4000 万美元，死亡 695 人，重伤 2027 人；1967 年 3 月 26 日，上海地区出现的一次强龙卷风，毁坏房屋 1 万多间，拔起或扭折 22 座抗风力为 12 级大风两倍的高压电线铁塔；1970 年 5 月 27 日，一个龙卷风在湖南形成后经过沣水，在沣水的江心卷起的水柱有 30 米高、几百平方米大，河底的水都被吸干了。

龙卷风在世界各地都曾出现过，中国龙卷风不多见，而在美国、英国、新西兰、澳大利亚、意大利、日本出现的次数却很多。龙卷风在美国是常见的自然现象。1879 年 5 月 30 日下午 4 时，在堪萨斯州北方的上空有两块又黑又浓的乌云合并在一起，15 分钟后在云层下端产生了漩涡。漩涡迅速增长，变成一根顶天立地的巨大风柱，在3个小时内像一条孽龙似的在整个州内胡作非为，所到之处无一幸免。龙卷风漩涡竟然将一座新造的75米长的铁路桥从石桥墩上“拔”起，把它扭了几扭然后抛到水中。事后专家们认为，这次龙卷风漩涡壁气流的速度已高于音速，威力巨大。

把高于音速的龙卷风比喻为一个魔术师一点也不为过。1896年，美国圣路易斯发生过一次旋风，使一根松树棍竟轻易穿透了一块一厘米左右的钢板。在美国明尼苏达州，1919年也发生了一次旋风，使一根细草茎刺穿一块厚木板，而一片三叶草的叶子竟像模子一样，被深深嵌人了泥墙中。更让人不解的是一次龙卷风将坐在家中的一对夫妇和他们的大儿子和小儿子吹到一条沟里，而她的次子则被刮走不见影踪，直到第二天才在另一个市被找到。尽管他吓得魂不附体，但丝毫未受损伤。令人奇怪的是，他不是顺着风向被吹走的，而是逆着风被吹到那个市的。

龙卷风

尽管人们早就知道龙卷风是在很强的热力不稳定的大气中形成的，但对它形成的物理机制，至今仍没有被确切地了解。有的学者提出了内引力——热过程的龙卷成因新理论，可是用它也无法解释冬季和夜间没有强对流或雷电云时发生的龙卷风。龙卷风有时席卷一切，而有时在它的中心范围内的东西却完好无损；有时它可将一匹马吹到数千米以外，而有时却只吹断一棵树干；有时把一只鸡的一侧鸡毛拔完，而另一侧鸡毛却完好无缺，龙卷风造成的这些奇怪现象的原因至今都不清楚。

【片言碎语】龙卷风的风速究竟有多大？没有人真正知道，因为龙卷风发生至消散的时问短，只有几分钟，最多几个小时。作用面积很小，一般直径只有25~100米，在极少数的青况下直径才达到1000米以上，以至于现有的探测仪器没有足够的灵敏度来对龙卷风进行准确的观测。相对来说，多普勒雷达是比较有效和常用的一种观测仪器。多普勒雷达对准龙卷风发出微波束，微波信号被龙卷风中的碎屑和雨点反射后再被雷达接收。如果龙卷风远离雷达而去，反射回的微波信号频率将向低频方向移动；反之，如果龙卷风越来越接近雷达，则反射回的信号将向高频方向移动。这种现象被称为多普勒频移。接收到信号后，雷达操作人员就可以通过分析频移数据，计算出龙卷风的速度和移动方向。为了制服龙卷风，预测龙卷风，人们正努力探索龙卷风形成的规律，以解开这个自然之谜。

极光之谜

1950年的一个夜晚，淡红和淡绿色的光弧在北方的夜空闪耀，所有在那晚见过北极光的人至今都能回想起当时的盛况。它时而像在空中舞动的彩带，时而像在空中燃烧的火焰，时而像悬在天边的巨伞。它绚丽多姿，不断变幻着自己的颜色，一会儿红，一会儿蓝，一会儿绿，一会儿紫，就这样轻盈地在夜空中飘荡了好几个小时。

这一美丽的奇景也曾在中国的黑龙江漠河、呼玛一带出现过。1957年3月2日夜晚7点左右，忽然一团灿烂的红霞腾起，瞬间化为一条弧形光带，停留在夜空中长达45分钟之久。同年，中国北纬40°以北的广大地区也出现了同样的现像。

其实，北极光是非常罕见的自然现象，中国历史上记载的极光现像，自公元前30~公元1975年只有53次。

1960年，在俄罗斯的圣彼得堡也出现过罕见的北极光。那晚，北极光异常强烈，光弧发出白、红、绿的光辉，升上高空，越来越耀眼，直上万里。在极光刚开始出现在夜空时，人们先是看到一条中等亮度的均匀的光弧以直线或稍弯曲的形状横过天空伸展开去（长度几百千米，甚至几千千米，宽十多千米或几十千米）。光弧的上端一般离地950千米左右，而下端则离地100千米左右。它往返扫动的速度达每秒几十千米，只需几分钟其高度就可以增加到1000倍。

1988年8月25日21时，在中国黑龙江省漠河县、呼中区、新林区又出现了极光。刚开始时，在地平线上出现了一个亮点。紧接着，它沿着 W 形的曲线以近似螺旋的轨迹上升。亮点在不断升高、移动，面积也在不断扩大，而亮点的尾部留下了像火烧云似的美丽光带。在这时高点开始出现了一个淡蓝色的圆底盘，接着，圆底盘从淡蓝色变成了乳白色。亮点射下一束扇状的光面，闪了几下便消失了。西方低空中的光带向上扩展所形成的淡蓝色魄云团正在这个时候，就像一个倒放着的烟斗。这条橙黄色带和淡蓝色的云团持续了 40 分钟左右才逐渐消失。

千百年来，人们一直在研究、寻找极光形成的真正原因。很早以前就有人观察到了这一大奇景，可对于它的“横空出世”，至今还是没有人能够用科学的说法给予完整的解释。

在古代，极光被爱斯基摩人误认为是火炬；而又有一些人把极光描绘成上帝神灵点的灯，鬼神用它引导死者的灵魂上天堂；而在罗马，极光被说成是黎明女神奥罗拉在夜空中翩翩飞舞，迎接黎明的到来。

苏联科学家罗蒙诺索夫曾经做过这样一个实验：在一个接近真空的球内制造人工放电现象。结果在空气极其稀薄的玻璃球内，随着放电，不断发现闪光。他得出结论：极光是空气稀薄的高空大气层里的大气放电所造成的。后来，这个实验被不断地重复验证，结果是完全相同的。极光是一种放电现象的观点得到证实。但极光仍然很神，比如，高空空气发光是怎样引起的？为什么极光就像万花筒一样可以变幻成千奇百怪的形状，并且在不断变化中从来都是不相同的？极光为什么多发生在两极？

后来科学研究证实，极光的产生来源于太阳的活动。太阳不断放出光和热，它的表面和内部都在不断地进行着各种各样的化学元素的核反应，产生出强大的含大量带电粒子的带电微粒流；这些带电微粒射向空间，会和地球外 80~120 千米高空的稀薄气体的分子发生碰撞，由于这个速度太快，因而就会发出光来。太阳活动高潮的周期性大约是 11 年一次。在高潮期，太阳黑子会呈漩涡状出现，且很大很多。这时的极光因为太阳异常也会比平时更瑰奇壮丽。由此可看出，太阳活动控制着极光活动的频率。有人发现，当一个“大黑子”出现在太阳中心的子午线时，在 20~40 小时后，极光就会在地球上露面。因此，是太阳发出的电造就了极光。

极光现象为什么只出现在南北两极呢？因为地球就像是一个以南北两极为地磁两极的大磁石，而从太阳处来的粒子流就是指南针，它飞向两极的运动方式是螺旋形的。事实上，磁极不能控制所有的带电粒子流，在太阳非常强烈地喷发带电粒子流的年份里，人们也能在两极地区以外的一些地方观察到极光。不同气体可分成如氧、氮、氯、氖等，空气成分非常复杂，而这些成分在带电微粒流的作用下，产生不同色彩的光，所以极光才能如此美丽多姿。

有人从地球磁层的角度去研究极光。地球磁层把地球紧紧包住，就如同地球的“保护网”，使地球不受很大的太阳风辐射粒子的侵袭。可是这张“保护网”在南北极上空就不如别的地方密实，这里有许多大的“间隙”，因此一部分太阳风辐射粒子就乘机进入地球磁层。这一点从卫星上看得分外清楚：当太阳耀斑开始爆发时，有些电子就加速沿磁力线从极区进入地球大气层。这就在两极上空形成一个恒定的环形光晕，即极光椭圆环。极光都有圆环，但并不是一成不变的，其大小、亮暗都随着带电粒子的涌入量而变化。由于南北极上空有那些“间隙”，所以极光只出现在两极地区的上空。

还有一个疑问是，太阳风进入星际空间的行动是连续的，太阳风会进入地球覆区“通道”，但为什么南、北极的极光并不是时刻可见呢？难道说太阳风所经过的那些间隙中还设有“关卡”吗？关于这一点，有一个很合理的假设：太阳风带电粒子进入这些“间隙”后，并不是一下子就爆发的。地球磁力线有一种能力，可以把这些带电粒子先藏起来，只有在一些特定因素如太阳黑子强烈活动的影响下，地球磁力线才把带电粒子放出来，于是就有了极光。

可是，这些假设都不能解释地面附近出现的极光现象。有人说这些地面极光是地面附近的静电放电所致，因此，极光会出现在离地面4~10英尺的地方。又因为许多彗星明亮的尾巴与极光有很多相似的地方，这使人很自然地将这两种现象联系起来。除此之外，还有很多观点，就不一一列举了。

【片言碎语】尽管极光之谜还没有完全揭开，但人类已初步了解了它的许多方面。科学家们对太阳风的研究监测还在紧张地进行，他们希望通过观察确定太阳风的各种参数是如何变化的，并最终揭开极光的神秘面纱。

神奇的肢体触摸

美国华盛顿心理学家迈克尔·米尼有一项让人感动的举动：每晚在送他3岁女儿上床睡觉时，他总要多楼抱她一下，并不停地抚摸小家伙的脸蛋。原来，迈克尔·米尼是在根据自己对野兽所进行研究后，才出现这项举动的。米尼经研究发现，人或动物在幼年时多受爱抚，长大后就会有更健全的脑细胞、更清楚的记忆，而且还可以减少衰老时期常出现的许多毛病。

一家医院的育婴室里，保育箱内放着一排排的早产儿，护士们给他们摄取同样的食物。结果发现，那些每天接受按摩的早产儿，与没接受按摩的相比，其体重和智力发育进展都要大很多。

一家超级市场邀请顾客试尝一种新推出的馅饼。结果发现，如果售货员在推销时轻轻触摸顾客一下，这些顾客购买这种新产品的可能性较大。

触觉是婴儿在出生前便已具备的一类感觉。没有它，人们便无法生存，可以想象，如果没有触觉，我们就无法感到开水的危险，也无法摸索着从黑暗的楼道上走下来。人们总以为视觉是最重要的感觉，但我们每天都要闭上眼睛睡上 8 小时，而触觉则从不“眨眼”，始终注视着我们周围世界的一切。

科学家们发现，触摸还具有促进智力与健康的作用。美国杜克大学的物理学家和生物精神病学教授索尔·尚伯格博士曾对幼鼠进行了研究。他发现，幼鼠只要离开母鼠仅 45 分钟，体内便会出现明显变化。它们的生长激素和一种主要的酶分泌量锐减，但母鼠返窝后，一切很快恢复正常。缺少母鼠的舔舐是导致幼鼠出现这种生物化学变化的原因。但用湿画笔抚摩幼鼠，也能使情况恢复正常。

在心理学家蒂法尼·菲尔德的指导下，迈阿密医学院触摸研究所的研究人员与尚伯格合作开始对早产儿进行每天 45 分钟的按摩。10 天以后，那些接受按摩的早产儿与不接受按摩的相比较，体重增加了 47%，而且他们的睡眠状况、警觉性和活动能力都有所改善。8 个月后，他们的智力和体重发育都显得进展较大。最为明显的是，经过按摩的比没有经过按摩的早产儿平均早 6 天脱离特护室。

蒙特利尔儿童医院的罗纳德·巴尔博士称，有些母亲每天只抱婴儿 2 至 3 个小时，而非洲部落的一些妇女一天中有 90%的时间都抱着或触摸她们的婴儿。护理教授凯瑟琳·巴纳德补充说：“婴儿的感情交流 80%是通过身体运动来进行的，而皮肤对皮肤的直接接触可使母亲非常容易理解婴儿的需求。”母亲抱婴儿的时间越久，越能体会婴儿有什么需求。

触觉的功能并不限于令人感到舒适与安全。科学家们已发现，婴儿将发响的或其它玩具塞入嘴里，不仅仅是为了尝味。他们是在用自己的嘴唇和舌头这些触觉最敏感的部位去确认并进一步分辨所见到的东西，确认周围事物的距离、形状和硬度，用触觉帮助发展视觉等其它方面的感觉。

尽管人们常说："眼见为实。"但实际上，凭触觉感受的世界与眼见的不一样。如果蒙上眼睛，让别人拿各种形状的饼干触碰自己的皮肤，一般人只能认对一半，但如果让你自己用手指逐个触摸，辨认的准确性可达95%。

在医院里，护士和亲人关切的触摸可以减轻病人因焦虑和紧张引起的头痛，触摸有时还能够缓和心动过速或心律不齐等症状。"触摸可使人感到舒适和安全，"丽塔·金护士说，"尤为重要的是，触摸还具有一种精神安慰的作用。当病人感到他们受到精心护理时，病会好得快得多。"

触摸还有助于预防某些疾病。加拿大蒙特利尔市麦克吉尔大学道格拉斯医院研究中心的迈克尔·米尼发现，如果在幼鼠出生的1至3周内不断触摸它们、它们便会长出更多控制糖皮质激素分泌量的受体。糖皮质激素是一种强大的应力化学物质，它可导致肌肉萎缩、胰岛素作用失效、高血压和胆固醇指数升高、生长阻滞以及脑细胞受损。

幼鼠因受到触摸而长出的受体终身不会消失。这些老鼠在遇到问题或处于紧张状态下，能较好地将糖皮质激素的分泌量抑制在正常程度，而在正常环境下，它们分泌的糖皮质激素也比那些在出生前3周内没有受过触摸的老鼠低。

米尼发现，幼小时没有受到触摸的老鼠，老了以后会受糖皮质激素影响，出现记忆丧失和脑损伤的症状。相反，幼小时曾受到触摸的老鼠，老了以后因紧张导致脑损伤的情况要少得多，而出现记忆丧失的几乎没有。

在进行这项研究期间，米尼的第一个孩子诞生了。“由于有了这些发现，我就更多地搂抱她了”，米尼说，“我们研究的证据表明，我今天搂抱女儿会帮助她记住我的面貌，并且可使她生活得更快乐、更健康，我的触摸也许正在塑造她的未来。”

【片言碎语】就糖皮质激素而言，人脑的化学成分和细胞受体与老鼠的并无区别，很显然，人在婴幼时期接受触摸，也会有相同的反应。

神奇的春分竖蛋之谜

每年的3月21日，是我国二十四节气之一的春分。在这一天里，太阳正好直射赤道，白天和黑夜恰巧一样长。

2006年的春分，太阳穿过赤道时正好是中午，一个名叫唐纳·韩妮丝的美国妇女在纽约市“世界经济贸易中心”的门前举行了表演，吸引了5000多名观众。她在众目睽睽之下做着一项惊人的表演，把鸡蛋一个接着一个地尖头朝上竖了起来。速度之快，使人感到十分惊奇。

其实，这已是韩妮丝连续第12年在春分这一天做类似的表演了。1994年这项表演是在联合国总部驻地对面的公园里举行的，当时平均每15秒便能竖起一个鸡蛋。当年4月4日出版的《纽约人》杂志对此曾进行了报道。记者说，她出于好奇，一周后又去老地方，花了20多分钟时间，却连一个鸡蛋也竖不起来，只好扫兴而归。

在春分——即每年的3月21日前后，或是秋分，全世界任何一个地方的人都可以将鸡蛋很容易地竖立起来。韩妮丝在12年中一共竖起了360个鸡蛋。

这个奇怪的现象长期以来吸引了许多好奇的人们，甚至在几千年前中国的古书里也发现了春分时节容易竖蛋的记载。1945年，美国著名的《生活》杂志报道过当时中国重庆许多人于春分这一天，聚在一起竖鸡蛋庆贺8年抗战即将结束。当时在场的《联合时报》的专栏作家伦德尔，也亲自尝试了一下，惊奇地发现自己竖起了好几个鸡蛋，为此他专门写了一篇报道。第二天这个消息便传开了，恰好爱因斯坦也读到了这篇报道，他有点将信将疑地把它称之为“中国戏法”。于是，《生活》杂志记者又以“爱因斯坦的难题”为题再次发了报道，一时间，舆论哗然，众说纷纭。有人说这不过是个把戏，只要把蛋黄摇晃散了便可把蛋竖起来，也有人说这也许是哥伦布的手法，将鸡蛋轻轻磕碎一点，它就能竖起来。

当时美国著名的魔术大师兰迪则认为，并不是只有太阳穿过赤道时才可以把蛋竖起来，关键是蛋的质量、蛋壳，或者是表演者本人。著名的游戏专家兼报纸的科学专栏作家甘德纳则对蛋壳的表面有怀疑，说也许用砂纸把蛋壳磨平一下，蛋就能竖起来。《现代摄影》的编辑伊森莱斯却对此坚信不疑，他说：“我妻子试过多次，原因大概是多方面的。白天与黑夜的循环、太阳与月亮的引力，潮汐的作用等等。在今天我也许可能竖起一个鸡蛋，但在春分那天我却可以竖起两打。”

【片言碎语】 有人认为鸡蛋的竖起也许与温度有关，若气温很低，鸡蛋内部质量紧缩，重心降低，蛋就能竖起来。为此有人做了实验，即使在大热天，鸡蛋若在冰箱里放过一段时间后就能被竖起来。然而，更多的人，包括韩妮丝在内，他们竖起的鸡蛋却根本没在冰箱里放过，再说春分也并不是很冷的时候。至今为止，神奇的春分竖蛋，仍是一个谜。

巨雹形成之谜

从春末到夏季，是冰雹经常出现的季节。但是按常理来说，只有在冬天那种寒冷的天气里才会结冰，可为什么在炎热的夏天也能形成冰？这实在令人费解。

中国地域辽阔，各地的气候条件各具特点，有些地方就常常发生冰雹灾害。冰雹在中国的分布有这样一个特点：西部多，东部少；山区多，平原少。冰雹在中国东南部地区很少见，常常几年、几十年也遇不到一次；而青藏高原则是冰雹时常光顾的地区，局部地区每年下冰雹的次数超过 20 次，个别年份达 50 次以上。唐古拉山的黑河一带是中国冰雹最多的地方，平均每年下冰雹达 34 次之多。

世界上冰雹最多的地方则是肯尼亚的克里省和南蒂地区，那里一年 365 天中有 130 天左右下冰雹。

1928 年 7 月 6 日，在美国内布拉斯加州的博达，下了一次规模较大的冰雹，冰雹堆积有 3~4.6 米高，其中最大的一个冰雹周长 431.8 毫米，重 680 克，是当时世界上最重的冰雹块。

1968 年 3 月，在印度比哈尔邦降下的冰雹中，有一块重 1000 克，一头小牛被当场砸死。这是人类历史上一次严重的冰雹灾害，十分罕见。

那冰雹是怎么产生的呢？它为什么会在夏天出现呢？原来，在夏天，大量水汽在强烈的阳光照射下，急剧上升，到高空遇冷迅速凝结成小冰晶往下落，一路上碰上小水滴，掺和在一起变成雪珠。雪珠在下降过程中被新的不断上升的热气流带回高空。就这样，雪珠在云层内上下翻滚，裹上了层层冰外衣，越变越大，也越来越重，终于从空中落下，成为冰雹。冰雹小如黄豆，大如鸡蛋，最大的像砖块那么大。冰雹形状并不规则，多数呈球状，有时呈块状或圆锥状。冰雹内部构造很不均匀，中间有一个核，叫雹核，主要是由霰粒或软雹构成，也有由大水滴冻结而成透明冰核的。雹核的外面交替地包裹着几层透明和不透明的冰层，有的冰雹多达十几层甚至 30 层，在球层中还夹杂着大小不同的气泡。

1894 年 5 月 11 日下午，在美国的博文纳一带下了一场大冰雹。人们发现其中有一块冰雹直径竟然长达 15.2~20.3 厘米。仔细观察后发现，冰雹里居然有一只乌龟，外面才是层层厚冰。原来，在德文纳，那天正刮着旋风，这只不幸的乌龟被旋风卷上天空，直上云霄，在云海里被当做核，被冰晶层层包裹，等到超过上升气流的承托力时，才坠落到了地面。

更不可思议的是，有时一场冰雹过后，人们会发现一些特大的冰雹，有的重几十千克，足有面盆那么大；有的竟有汽车那么大。如 1957 年，中国内蒙古伊克昭盟伊金霍洛旗下了一场冰雹，人们在山谷中发现了一块像一辆吉普车那么大的巨雹。更令人惊奇的是，1973 年 6 月 13 日，在中国甘肃华池县山庄桥发现的一块巨雹比房屋还高。

这些巨雹真是从天上降落下来的吗？但上升空气是托不住一个重几十千克的巨雹的，所以巨雹来自天空的可能性微乎其微。那它又来自何方呢？

由于没有足够的证据，科学家只能对巨雹之谜进行推测。他们认为，在降雹过程中，冰雹云后部受到干冷空气的侵袭，结果降落到地面的雨滴仍保持着冷却性，随风飘下的雨滴聚集在某一冷的物体侧面，边冻结，边增厚，形成菱形的巨雹。因此，它的原料来自于天上，成品却是在地面上加工形成的。这种推测有一定的道理，但目前也只是推测。

【片言碎语】 巨雹究竟是怎么回事？我们只能寄希望于气象学家的进一步研究。相信有一天，这个谜最终会被解开。

地球上的氧气是否会被耗尽

氧是构成生命的重要元素之一，它以气体形式存在于自然界中的合成物——氧气是地球上大多数生命进行各种活动所必需的物质之一。不过，也有人担心氧气会被耗尽。那么，这种担心是不是真的像“杞人忧天”那样毫无根据呢？

在空气中氧气占 21%，我们和其它生物呼吸空气中的氧，释放出二氧化碳，即体内废气。一个健康的成人每天大约需吸入 500 升的氧气，呼出约 400 升的二氧化碳；除人类外大部分其它生物同样也吸收氧而释放二氧化碳。通常，大气中的水蒸气和二氧化碳的含量是不变的。一般二氧化碳含量为百万分之三，但是生产的发展使煤、石油、天然气等含碳燃料被大量使用，造成了大气中的二氧化碳逐年增加。美国世界观察研究所公布的一份统计报告显示：100 年前全世界每年进入大气的二氧化碳仅为 9600 万吨，而目前则达到 50 亿吨，预计在最近 10 年将递增到 80 亿吨，增长速度惊人。

早在 100 多年前，就已经有人为二氧化碳含量的增加而担心了。1898 年，英国物理学家凯尔文曾指出：随着工业的发展和人口的增多，这种情况十分让人担心。地球上的氧气 500 年后将被消耗光，二氧化碳则日益增多。

二氧化碳增多的直接后果是地球的“温室效应”。同时，它还使地球的温度上升，冰川融化。据科学家预测，如果南极大陆的冰川因高温而融化，其增加的水量则可使美国的摩天大楼淹没 20 层，并淹没掉荷兰等一些地势较低的国家，使它们不复存在。那时的陆地面积很可能只占地表面积的 5%~10%。在更为狭小的陆地上将生存全世界 60 亿~70 亿的人口，人类恐怕也会逐渐灭绝。

值得庆幸的是，那些和凯尔文一样担心氧气将会被耗尽的人们，只看到了问题的一个方面。事实上，除了绿色植物在消耗二氧化碳外，科学家们还发现，在二氧化碳和水的作用下，岩石中所含的碳酸钙会变成酸式碳酸钙，这种形式的碳酸钙可以溶解在水中。据分析，每年由于岩石风化耗掉大约 40 亿~70 亿吨二氧化碳，这些风化的岩石随着江河流入大海，它再与石灰化合并重新形成石灰石，并以新的岩石的形式沉入海底。

此外，还有一个不必担心氧气会被耗尽的重要理由是：地球上生长着种类丰富、数量众多的绿色植物。大量的绿色植物在光合作用中会吸收大量的二氧化碳，同时排出氧气。据科学家们实验分析，三棵大桉树每天吸收的二氧化碳，相当于一个人每天所呼出的二氧化碳的量。因而一些人乐观地认为，地球不会变成二氧化碳的世界，但二氧化碳的含量会略有增加。

各国科学家曾积极探索一些新途径，希望能减少二氧化碳的排放量，并尽可能将其再生利用，但是迄今为止却没有更好的方法增加氧气的生成。专家们认为，减少森林面积的流失、保护绿色植物就是人类最好的保护氧气的方法。这些大量的绿色植物生产了我们人类赖以生存的氧气。

【片言碎语】我们可以想象，如果有一天地球上的氧气被消耗殆尽的话，将会出现多么恐怖的场景。而地球上的氧气是否真的会耗尽，则取决于人类的努力程度。如果人类不加克制地乱砍滥伐林木，破坏生态平衡，势必会造成氧气生成机制的阻碍，那么我们真的可能会在某一天面临缺乏氧气的危机。反之，若人类能未雨绸缪，尽早地采取相应措施，就有可能避免氧气被耗尽的窘境。一切都取决于我们人类自身的行为。

北纬30度线之谜

在非洲北部，从大西洋海岸到红海之滨，方圆约910万平方公里的土地上，除了偶尔的一个点状绿洲外，便是一眼望不到边的沙漠。这就是著名的撒哈拉大沙漠——世界第一大沙漠，与地球上其它地方相比，这里的气候格外炎热干燥，炎炎烈日下，沙丘上的温度竟能超过70℃。然而，这里却有着神奇的人文历史景观。

早在19世纪，一些探险家就深入到撒哈拉大沙漠考察，其结果可谓硕果累累。因为在北部沙漠高原荒凉的山崖上，他们发掘出长达数千米的彩绘壁画群。壁画的内容丰富多彩，不仅包括栩栩如生的动植物、形形色色的古人生活场景，而且还有一些叫不出名字的生物和模样怪诞的人。特别引人注目的是，在一些手持长矛、弓箭的虎视眈眈的武士旁边，站着许多怪异的陌生人。他们一个个头戴圆形潜水帽，状如今天处于失重状态的宇航员。

科学家们已经考证出：这些惟妙惟肖的壁画至少有6000年的历史。难道古代撒哈拉人曾经见到过穿着宇航服的外星人？难道除了这些壁画外，他们竟不曾留下其它实物？

如今，人们对远古时代撒哈拉的盛衰史一无所知，而这贫瘠又充满玄机的撒哈拉大沙漠，正好分布在北纬30度线两侧。

正如我们所知道的，3000年前的玛雅人创造的文明，是美洲大陆上唯一的古文明。玛雅人拥有高深的数学和天文学知识，建造的神殿、金字塔雄伟壮观，编制的历书精确无比。然而，16世纪，当西班牙殖民者踏上美洲这片土地时，玛雅人突然消失得无影无踪。从而使得玛雅文明成为整个地球文明史上最玄妙、最充满疑谜的一章。

1927年，英国考古学家米歇尔·汗吉斯带着女儿，不辞艰辛地深入北纬30度两侧玛雅人聚居的丛林中考察，偶然发现一颗用整块水晶石镂刻成的、与真人头盖骨一模一样的玲珑剔透的水晶头盖骨。

据专家估计，这颗水晶头盖骨至少有10万年的历史。那么，10万年前，古玛雅人又是怎样把整块坚硬的天然水晶石加工得如此精细，形态如此逼真的？玛雅人加工水晶头盖骨的目的又何在呢？

多年以后，保存这颗水晶头盖骨的汗吉斯的女儿声称：这颗水晶头盖骨有一股魔力，能治病，她与水晶头盖骨朝夕相伴数十年，至今快90岁的人了，仍然非常健康，而且看上去比同龄人年轻得多。

自1927年以来，考古学界先后在此地找到13颗水晶头盖骨。它们都与真人头盖骨一般大小，下巴能灵活转动，并且镶嵌有牙齿和眼睛。

根据人们的传说，这13颗水晶头盖骨中隐藏着人类过去、现在及未来的种种秘密，储存着人类起源、宇宙生命之谜的信息。果真如此吗？

谈到纬度30度线，人们一定不会忘记令全球飞行员、航海家谈之色变，海难、空难事故最为频繁的海域——人称十大死亡漩涡区。它们是百慕大三角海域、龙三角海域、太平洋夏威夷到美国西海岸之间的海域、地中海及葡萄牙海岸附近海域、阿富汗附近海域等五个北纬30度线上的死亡漩涡区；以及位于非洲东南部沿海海域、澳大利亚西海岸海域、新西兰北部海域、南美洲东南部海域、南太平洋中部海域等五个南纬30度线上的死亡漩涡区。

有趣的是，这十大死亡漩涡区在地球上正好以等距离分布，倘若把这些漩涡区之间用线段连接起来，整个地球将被划分成多个等边三角形；而每个死亡漩涡区又正巧在这些等边三角形的接合处。

【片言碎语】 位于北纬30度线上的还有：古埃及金字塔群和狮身人面像，传说中沉入海底的大西洲……另外还有长江，密西西比河，尼罗河，幼发拉底河入海口，世界最高峰珠穆朗玛峰，世界最深的海沟马里亚纳海沟，世界含盐量最高、浮力最大的湖泊——死海……这一个个谜团，都有待于人们去逐一揭开。

神奇的人体经络

人体经络的秘密何在？这个问题难倒了许多生理学家和医学家，他们认为这是“人体生命中的秘密网络”，对这个难解问题的彻底研究，将有助于告诉人们生命构成的秘密信号是什么？

传说唐朝有个老中医，生前靠一根银针为百姓治病，无论什么病，经他的银针一扎，针到病除，老中医死后，百姓特为他塑一尊石像以表崇敬。有趣的是，人们传说他的石像亦能治病，谁有毛病一摸准好。于是，来拜神求医者终年不断，多少年过去了，老中医的石像被摸得明光铮亮。

历史发展到今天，中医的扎针术更加“神”了。有传说一位六亲不认，几进几出精神病院的疯姑娘，被父母送到某中医院针灸科，大夫一针扎入姑娘体内，随着针尖一抖，姑娘顿时老实下来。三针过后，病姑娘奇迹般地恢复了神志。

据说，早在远古时期，我们的祖先就发现刺激身体的某一部位，能引起体内发生一定的变化，如拍打小腿 (足三里穴)，不但能消除疲劳感，还会使人食欲大增。

后来，人们从注意身体的大部位到最终发现集中于一点的“穴位”。日积月累，人们找到的穴位越来越多，而且发现它们之间存在着十分密切的关系，在穴位与穴位之间画出连线，人们便把这连线叫做“经络”。

中医学家把粗大的、深部纵行的主要干线称为“经脉”，把细小的、网络于经脉间横行的分支称为“络脉”；将针刺后反应比较强烈的部位称为“经穴”。经络以穴位为据点，穴位以经络为通路。

经络包括十二经脉，奇经八脉，十二经别，十五络脉，孔络，十二经筋及十二皮部等，它们纵横交叉，循行于人体内外，内属脏腑，外络肢节，组成了一个有机联系的系统。

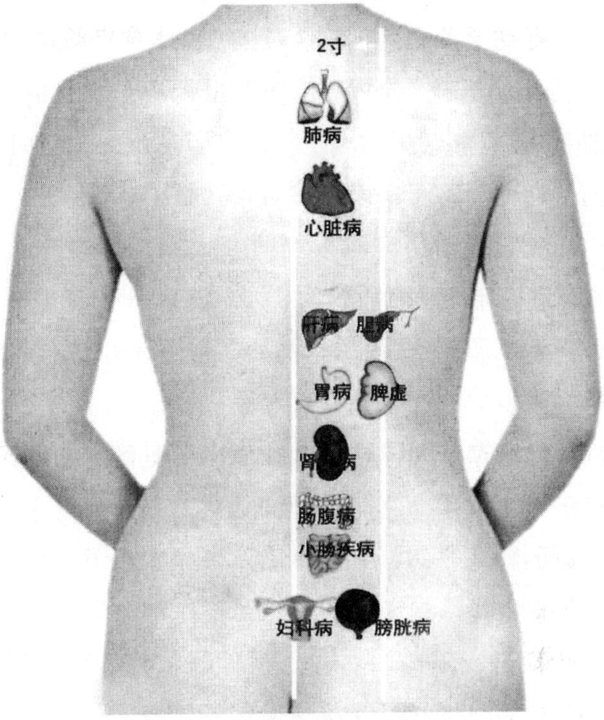

人体经络

随着中医的扎针术日益精深，人们要问，经络究竟是什么？它的奇特作用是如何产生的？经络与人体是什么关系？中医学家们对此进行了长期的探索，随着祖国医学的发展，经络学说也得到了长足的发展。

中医诊病时常依赖在患者经络路线上运行的“气”和“血”来判断病症。调动患者自身的抵抗力，以缓解和消除疾病。我国有许多科学家试图用现代科学手段实验和解释经络现象，他们通过数万例的实验研究，肯定了经络及循经感传现象的客观存在；并且首次在世界上证实了人体气血沿经络运行呈波动状态。

国外学者对经络的研究，也不断取得新的成果，近年法国学者通过在穴位注射放射性物质锝，借助电子照相机，成功地拍下了锝的行走路线，证明了经络的存在，发现其经络与中医文献记载基本相同。

日本一些研究人员采用电子计算机和全息技术，将人体由平面转为立体观察，通过荧光染色发现，穴位实际是一种组织的“集合团”。它不但具有较高的敏感性，而且还能有效地控制人体的各种平衡。

有的学者用生物控制论的观点来解释经络现象，把人体看做一个自动控制系统，经络相当于讯息的“传送道”；穴位相当于“发生器”，针灸等刺激相当于“信息源”，经络便在控制系统与控制对象之间传递控制讯号与反馈讯号。

我国最新研究成果表明：人们已能准确地描绘出十四条宽约一毫米的人体经络循行线。这一成果，无疑加速了人类研究经络实质的进程，但凭此来证明人类已解开了中国传统医学的千古之谜还为时尚早。

经络存于人体这是客观现实，但目前的现代科学体系还不能解释经络与人类生命之间的全部关系。有人说，人类只有最终打开经络与生命的科学之门，才算真正认识和掌握了自己。

专家指出，经络系统并非仅仅存在于人体，动物身上也存在，有文献报道，不少动物，如牛、马、狗、鱼等对地震前兆反应比较敏感，这和经络学说并非毫无联系。

【片言碎语】人体经络特异功能，以及宇宙间的许多自然现象，均未得出科学的解释。但是，我们相信，一旦经络之谜被解开，一场新的医学革命将是不可避免的。

巴格达古电池之谜

1936年6月，铁路建筑工人在巴格达附近偶然挖开一座古墓之后发现了这件神秘的物品。考古学家们赶来后，发现这座陵墓事实上是安息时期（约公元前250~公元250年）一个定居点的一部分。经过发掘，他们出土了大量物品，其中有带雕刻图案的砖块、陶器、玻璃和金属制品，外加一个内装奇特物质——一根一头封闭的铜管、一根铁棒和一些沥青碎屑的卵形陶罐。

在访问巴格达期间，伦敦科学博物馆的物理学家沃尔特·温顿听到有关此次发现的报告后，对这只陶罐做了仔细的研究，并产生了很深的印象。他说：“在铜制容器内放上一些酸，随便什么，醋也可以。转眼的工夫，你就有了一个能产生电压并释放电流的简单腔体。将几个这类腔体串联起来，便构成一个电池组，所发出的电流足以使电铃发声，点亮灯泡，或驱动一辆小型电动车。”

温顿指出，这件物品确实是电池，这是“显而易见和完全可信的”。他唯一的疑问来自于它的独特性质。考古学上的“一次性事物”始终是最难解释的发现。其实，此前在巴格达附近的安息古城泰西封已经发现了其它陶罐，只是温顿并不知晓罢了。那些陶罐是与护身符等多种神秘物品一起发现的。这种情况表明，炼金术士曾使用过这些陶罐，但我们仍然找不到它们作何用途的线索。温顿说，最理想的是这只陶罐应同金属线一道被发现，能找到一系列此类陶罐，才是比较好的事情，因为有了它们，疑点便会烟消云散。然而，正如温顿于1967年所指出的，如果不是电池，它又会是什么东西？“我不是考古学家，所以我直接提出了最容易提出的科学答案。我看不出它还能有什么别的用途，也许有更好的答案，但至今我还没有听到。”

25年过后，还是无人为这只神秘的陶罐提出真实可信的其它解释。而首要的事实仍然是：它作为一个电池工作得相当出色。美国进行过两项独立的实验，对陶罐及其内装物质的复制品做了测试。把醋酸、硫酸或柠檬酸——当作电解质，注入铜管，模型便产生电压为1.5伏的电流，18天后电流才消失。

可是，在两千年前，到底是什么人用电池做了什么事情？科罗拉多大学的保罗·凯泽最近指出，这些电池的使用者是巴比伦的医生，在没有电鳐鱼时，他们把它作为替代品使用，从而能起到局部麻醉的作用。但是，在各种意见中，仍以伊拉克博物馆实验室主任、德意志考古学家威廉·柯尼希所作的解释最有说服力。他曾于1938年仔细研究过“巴格达电池”。柯尼希认为，将若干个这类腔体串联起来，从里面发出的电流可用来电镀金属。实验用复制品所产生的电压能够满足这项工作的需要。

事实上，为了给铜首饰包银，伊拉克的工匠们仍然在使用一种原始的电镀方法。这种技术可能是从安息时期或者更早的时候起一代代传下来的。3000余年以前，安息人便继承了近东地区的科研传统和公元前330年随亚历山大大帝入侵此地的希腊人的聪明才智。

【片言碎语】我们可能永远也搞不清古代的电学实验究竟做到了何种程度。古代伊拉克的工匠们对他们的技术知识严加防范，秘不外传；巴比伦泥板上确实列出了制作彩色玻璃的配方，但配方中往往夹杂着行话，只有行家才能看出其中的门道。电镀的秘诀肯定是秘不外传的宝贵财富，或许从未以简洁易懂的文体见之于世。好在伊拉克还有数百个坟冢未曾发掘，博物馆中也有数千块泥板，泥板上涉及科学的文字在等人翻译。或许最保险的说法是，古人所掌握的电学知识，其涵盖范围之广可能还会给人们带来种种惊喜。